Zhiwu Shenglixue Shiyan Zhidao

植物生理学实验指导

主 编 肖望
副主编 涂红艳 张爱玲

中山大学出版社
·广州·

版权所有　翻印必究

图书在版编目（CIP）数据

植物生理学实验指导/肖望主编. —广州：中山大学出版社，2020.12
ISBN 978 - 7 - 306 - 07067 - 8

Ⅰ. ①植… Ⅱ. ①肖… Ⅲ. ①植物生理学—实验—高等学校—教学参考资料　Ⅳ. ①Q945 - 33

中国版本图书馆 CIP 数据核字（2020）第 228176 号

出 版 人：	王天琪
策划编辑：	金继伟
责任编辑：	梁嘉璐
封面设计：	林绵华
责任校对：	谢贞静
责任技编：	何雅涛
出版发行：	中山大学出版社
电　　话：	编辑部 020 - 84110779，84110283，84111997，84110771
	发行部 020 - 84111998，84111981，84111160
地　　址：	广州市新港西路 135 号
邮　　编：	510275　传　真：020 - 84036565
网　　址：	http：//www.zsup.com.cn　E-mail：zdcbs@mail.sysu.edu.cn
印 刷 者：	广州市友盛彩印有限公司
规　　格：	787mm×1092mm　1/16　11.75 印张　200 千字
版次印次：	2020 年 12 月第 1 版　2020 年 12 月第 1 次印刷
定　　价：	48.00 元

如发现本书因印装质量影响阅读，请与出版社发行部联系调换

内容简介

本书以专题的形式编写了 54 个植物生理学基本实验，涵盖种子生物学、水分代谢、矿质代谢、光合作用和呼吸作用、物质代谢、植物激素、生长发育、植物与环境、植物组织培养和植物分子生物学等方面的内容。本书通过每个专题研究背景的介绍，实验基本过程的讲述，各种数据记录表格的设计，旨在加强学生对实验原理的理解、实验数据的收集和处理能力，让学生形成良好的实验习惯，提升其科学素养和增强解决问题的能力。

本书可作为高等本科院校生命科学、农学、园艺学等领域专业的实验指导教材，也可作为中小学教师指导学生开展课外科技活动的教学参考书，还可供相关专业学生进行毕业论文研究方案的设计、实践及相关教师的教学参考使用。

前 言

高校课程思政要求，在高校所有基础课程、专业课程和实训课程中引入思想政治教育元素，使学生树立正确的价值观、世界观和人生观，实现从显性思想政治教育到隐性思想政治教育的转变。生命科学类课程属于自然科学课程，教师不仅需要承担提升学生的专业能力和专业素养的任务，还需要承担起包括学生科学探究兴趣的激发、科学思维能力的提升、社会责任感的培养、生命观念的形成等方面的思政教育责任。

植物生理学实验在学生科学探究兴趣的激发、科学思维能力的提升、社会责任感的培养、生命观念的形成等课程思政教育中具有独特的优势。本书在编排体系上，特别强调对实验背景的描述，这样既可以达到强化学生对基础知识的理解，加强正确生命观念的形成，又可以利用实验尝试解决生产问题，培养学生的社会责任感的目的。将若干个相关的基础实验内容整合在一起，形成独立的研究专题，以解决具体问题为导向，这样可激发学生的探索兴趣，从而提升学生的科学思维能力。在内容的编排上，每个实验都设计了相关的实验数据收集、处理和分析表格，这样可培养学生良好的实验记录习惯和科学严谨的态度。在实验内容的选取上，力求以基础实验为主，与实际应用相结合。本书以探究问题为导向，每一个专题的实验内容都可以用于相关小课题研究的方案设计，因此本书也可作为中小学教师带领学生进行课外科技活动的参考书。在专题的排列顺序上，由于种子实验持续时间较长，且培养的植物材料可用于后面相关实验，因此将这一专题提到前面，也旨在加深学生对种子的认识和对国家粮食安全的理解。在编排中，将一些实验内容进行跨度组合，例如在专题二中，插入了植物的幼年期、生长大周期等实验内容，以增加专题内容的丰富性和生动性。

教师在使用本书的过程中，可根据实际情况选择教学内容，既可选择一些单个实验做基础强化训练，也可选择一些专题让学生进行课题研究的尝试。

本书共包括10个专题，涵盖种子学、水分代谢、矿质代谢、光合作用和呼吸作用、植物激素、逆境生理、植物组织培养、植物分子生物学等植物生理生化领域的54个基础实验项目。其中，专题一到专题八由肖望执笔，专题九由涂红艳执笔，专题十由张爱玲执笔，附录由肖望执笔；全书由肖望统稿，涂红艳和张爱玲对本书进行整理。

本书是在编者从事植物生理学教学20多年的经验积累和理解上，结合普通本科师范院校的教学特点，并参考了多本经典的实验指导书编写而成。在此，特别感谢李玲教授和张志良教授，他们主编的《植物生理学模块实验指导》和《植物生理学实验指导》，是本书编写的重要参考书。还有其他优秀的生命科学类教材，也给予我们许多的帮助和启发，在此不一一列举，但感恩之心一直都在。

本书得到广东省本科高校教学质量与教学改革工程专业综合试点改革"生物科学（师范）"、广州市高校创新创业教育项目"生物科学（师范）专业创新创业教育模式的构建"、广东第二师范学院教学质量与教学改革工程项目"《植物生理学》精品教材建设"等项目的资助，得到中山大学出版社的帮助和指导，在此一并致谢！

由于编者水平有限,加之生命科学是一门发展迅速的学科,本书中的缺陷和错误在所难免,恳请各位专家和读者指正。

编　者
2020 年 6 月于广东第二师范学院

目 录

专题一　植物种子生物学 ·· 1
　　实验 1　种子生活力的快速测定 ································ 2
　　实验 2　种子发芽率、发芽势和发芽指数的测定 ············· 5
　　实验 3　谷物种子萌发时淀粉酶活力的测定 ··················· 7
　　实验 4　油类种子萌发时脂肪酸含量的变化 ··················· 9
　　实验 5　大豆萌发时氨基酸含量的变化 ························ 11

专题二　植物的水分代谢 ·· 16
　　实验 6　植物组织的总含水量、自由水和束缚水含量的测定 ····· 17
　　实验 7　植物细胞渗透势的测定 ································ 19
　　实验 8　植物组织的水势测定（小液流法） ··················· 22
　　实验 9　植物叶片气孔密度和面积的测定 ····················· 25
　　实验 10　植物蒸腾强度的测定 ································· 26

专题三　植物的矿质营养 ·· 30
　　实验 11　植物的溶液培养 ······································· 31
　　实验 12　植物的形态观察 ······································· 34
　　实验 13　植物生长特征和幼年期的观察 ······················· 35
　　实验 14　硝酸还原酶活性的测定 ······························ 37
　　实验 15　植物磷素的测定 ······································· 41

专题四　植物的光合作用和呼吸作用 ···························· 45
　　实验 16　植物叶绿体色素的提取、分离和性质鉴定 ········· 47
　　实验 17　叶绿体色素含量的测定 ······························ 50
　　实验 18　植物叶片光合速率的测定 ···························· 52
　　实验 19　小篮子法测定植物的呼吸速率 ······················· 54
　　实验 20　乙醇酸氧化酶活性的测定 ···························· 57

专题五　果蔬品质分析 ·· 62
　　实验 21　植物组织维生素 C 含量的测定 ··· 63
　　实验 22　可溶性总糖含量的测定（蒽酮比色法）································ 66
　　实验 23　可溶性蛋白质含量的测定 ··· 69
　　实验 24　有机酸含量的测定 ·· 72
　　实验 25　粗纤维含量的测定 ·· 75
　　实验 26　果胶含量的测定 ·· 78

专题六　植物生长物质与植物生长发育 ·· 83
　　实验 27　植物生长物质的配制方法 ··· 84
　　实验 28　生长素类物质 NAA 和 IBA 促进植物不定根的形成 ·········· 85
　　实验 29　赤霉素对蚕豆幼苗生长的影响 ··· 88
　　实验 30　多效唑对植物的矮化作用 ··· 89
　　实验 31　植物生长调节剂对黄瓜性别分化的作用 ····························· 90
　　实验 32　乙烯的催熟效应 ·· 92
　　实验 33　赤霉素对马铃薯休眠的打破 ··· 93

专题七　植物的衰老与死亡 ·· 96
　　实验 34　氧自由基产生速率的测定 ··· 97
　　实验 35　过氧化氢含量的测定 ··· 100
　　实验 36　植物细胞质膜透性的检测 ··· 104
　　实验 37　植物丙二醛含量的测定 ··· 106

专题八　植物对逆境的适应 ·· 109
　　实验 38　脯氨酸含量的测定 ··· 110
　　实验 39　超氧化物歧化酶活性的测定 ··· 112
　　实验 40　过氧化物酶活性的测定 ··· 116
　　实验 41　过氧化氢酶活性的测定 ··· 118

专题九　植物组织培养技术 ·· 121
　　实验 42　培养基母液的配制 ··· 122
　　实验 43　培养基的配制与灭菌 ··· 126
　　实验 44　外植体的消毒、接种与愈伤组织的诱导 ··························· 128
　　实验 45　愈伤组织的器官分化 ··· 131
　　实验 46　细胞的悬浮培养与增殖 ··· 133

实验47　原生质体的分离与纯化 ·············· 135
专题十　植物基因的克隆与表达定量分析 ·············· 140
　　实验48　植物组织DNA的提取（CATB法） ·············· 141
　　实验49　植物组织DNA的检测 ·············· 143
　　实验50　植物组织RNA的提取（Trizol法） ·············· 146
　　实验51　以RNA为模板制备cDNA ·············· 148
　　实验52　通过PCR方法获得基因序列 ·············· 150
　　实验53　通过蓝白斑筛选与克隆目的基因 ·············· 153
　　实验54　通过实时荧光定量PCR检测目的基因mRNA
　　　　　　相对表达水平 ·············· 156
附录一　常见缓冲溶液的配制 ·············· 163
附录二　常用植物生长物质的一些化学性质 ·············· 170
附录三　试剂的配制 ·············· 171
附录四　溶液饱和度与加入硫酸铵质量的对应关系 ·············· 173
参考文献 ·············· 174

专题一　植物种子生物学

种子是农业生产最基本的生产资料，种子质量的优劣直接影响到农业生产。农业生产的最大威胁是播下的种子没有生产潜力，不能使栽培的作物获得丰收。任何种子在投放到市场或生产之前，都要进行质量的检验，测定其种用价值，使减产减质的威胁降到最低程度。种子的纯度、净度、发芽力和水分含量等是种子质量分级标准的重要指标，是种子收购、贸易和经营分级定价的依据。

种子发芽力（germinability）是进行种子质量检测的指标之一，是指种子在适宜条件下发芽并长成正常植株的能力，通常用发芽势和发芽率表示。种子发芽势（germinative energy）是指种子初期（规定日期内）正常发芽种子数占供试种子数的百分率。种子发芽势高，表示种子生活力强，发芽整齐，出苗一致，增产潜力大。种子发芽率（germinative percent）是指在发芽试验终期（规定日期内）全部正常发芽种子数占供试种子数的百分率。种子发芽率高，表示有生活力的种子多、播种后出苗数多。

种子发芽试验对种子经营和农业生产具有极为重要的意义。种子收购时做好发芽试验可正确地进行种子分级和定价；种子贮藏期间做好发芽试验，可掌握贮藏期间种子发芽力的变化情况，以便及时改进贮藏条件，确保种子安全贮藏；调种前做好发芽试验，可防止盲目调运发芽率低的种子，节约人力和财力；播种前做好发芽试验，可以选用发芽率高的种子播种，保证齐苗、壮苗和密度，防止种子浪费，确保播种成功。此外，种子发芽率也是计算种子用价的重要指标，做好发芽试验，以便正确计算种子用价和实际播种量。

在一般情况下，要通过做发芽试验来了解种子有无生活力，但当种子处于休眠期以及在短期内必须了解种子发芽率时，可用生物化学法等来测定其生活力。种子生活力（seed viability）是指种子发芽的潜在能力或种胚所具有的生命力。许多存在休眠的作物种子，如新收获的水稻、小麦、油菜和紫云英等种子的发芽率一般很低，仅有10%～30%，但实际上这些种子具有生活力，由于处在休眠状态而暂时不发芽。因此，在一个样品中，全部有生活力的种子应包括能发芽的种子和暂时不能发芽而具有生命力的种子。

在禾谷类种子的发芽过程中，淀粉酶水解淀粉是重要的生理过程。在萌发的禾谷类种子中，存在着α-淀粉酶和β-淀粉酶，其中，α-淀粉酶活性在种子发芽过程中不断增加，催化淀粉分子中的α-1,4糖苷键被切断，形成长短不一的短链糊精及少量麦芽糖和葡萄糖，这些物质是形成新器官的材料。在一定条件下，定量淀粉糖化过程所需的时间即可表示酶活力的大小。此外，油料类种子、蛋白质类种子在萌发过程中，大分子的脂肪酸、蛋白质会在脂肪水解相关酶、蛋白酶的作用下分解为小分子的物质。

在对种子品质进行检测时，可以通过测定上述的指标来对种子质量进行评判。

实验1　种子生活力的快速测定

实验原理

种子活力是指在广泛的田间条件下，种子本身具有的决定其迅速而整齐出苗及正常苗发育的全部潜力的所有特性。通过检测种子的正常代谢功能是否受到损害以及胚是否存活，可判断种子的发芽潜力。

2,3,5-氯化三苯基四氮唑（TTC）的氧化态是无色的，可被[H]还原成红色的三苯甲月替（TTF）。用TTC的水溶液浸泡种子，使之渗入种胚的细胞内。如果种胚具有生命力，胚细胞呼吸作用会产生[H]，[H]在脱氢酶的作用下将TTC还原成TTF而使胚呈红色；如果种胚死亡，就不能被染色；如果种胚生命力衰退或部分丧失生活力，那么染色较浅或局部被染色。因此,可以根据种胚染色的部位或染色的深浅程度来鉴定种子的生命力。

当种子有生命力时,胚细胞的原生质膜具有选择透过性,能有选择地吸收外界物质。一般染料(如红墨水)不能进入细胞内,因此,胚细胞不被染色;而丧失生命力的种子,其胚细胞的原生质膜丧失选择吸收能力,染料可自由进入细胞内使胚部染色。因此,可根据种子胚部是否能被染料染色来判断种子的生命力。

上述两种方法对种子胚染色的结果具有互补性。在进行种子活力检测的过程中,可同时采用两种方法进行结果的判断。

实验材料、器材与试剂

【实验材料】不同品种的杂交玉米种子。

【实验器材】培养箱、烧杯、培养皿、刀片、镊子。

【实验试剂】(1) 0.5% TTC 溶液。称取 0.5 g TTC,加入少量95%乙醇助溶后,用蒸馏水稀释定容至 100 mL,于棕色瓶中避光保存,随配随用。

(2) 5%红墨水。量取 5 mL 红墨水,用蒸馏水定容至 100 mL。

实验步骤

(1) 随机称取 50~100 g 种子,记 W_1,择取外表健康的种子,称重,记 W_2,按照式(1-1)计算杂质率,并计算千粒重(每千粒种子的质量),将实验数据填入表 1-1。

$$杂质率 = (W_1 - W_2)/W_1 \times 100\% \qquad (1-1)$$

表1-1 玉米种子的杂质率和千粒重原始数据记录

重复	种子质量 W_1/g	健康种子质量 W_2/g	杂质 (W_1-W_2)/g	杂质率/%	千粒重/g
1					
2					
3					
平均					

（2）将玉米种子用温水（30～35 ℃）浸泡4～5 h，使种子充分吸水膨胀。

（3）随机取50～100粒种子，沿种胚中央切开，一半浸于TTC溶液中，溶液的量以覆盖种子为宜，于恒温箱（30～35 ℃）中保温30 min，当种胚呈现玫瑰红色（反应时间一定要充分）时，倒出TTC溶液，再用清水将种子冲洗1～2次；另一半浸入红墨水中，溶液的量以覆盖种子为宜，于室温下浸泡3～5 min，当胚乳被染成鲜红色时，立即倒去红墨水并用水反复冲洗，直至冲洗液无色为止（注意：反应时间一定要控制好，反应完成后尽量用水冲洗透彻）。

（4）鉴定、观察种胚被染色的情况。用TTC法检测时，种胚全部或大部分（超过80%的面积）被染成红色的即为具有生命力的种子；种胚不被染色或者少部分（不足20%的面积）被染色的为死种子。种胚中非关键性部位（如子叶的一部分）被染色，而胚根或胚芽的尖端不染色，都属于不能正常发芽的种子。用红墨水法检测时，凡种胚不着色或着色很浅的为活种子，种胚与胚乳着色程度相同的为死种子。将检测结果记录入表1-2，并按照式（1-2）、式（1-3）对种子活力进行计算。

种子活力 = 胚被TTC染色的种子数/实验种子的总粒数×100%

(1-2)

种子活力 = 胚未被红墨水染色的种子数/实验种子的总粒数×100%

(1-3)

表1-2 植物种子活力快速检测原始数据记录

重复	TTC法			红墨水法		
	总粒数	胚被染色种子数	种子活力/%	总粒数	胚未被染色种子数	种子活力/%
1						
2						
3						
平均						

(5) 将TTC法和红墨水染色后的种子进行拍照保存,注意将不同活力程度的种子分开拍摄。

实验2 种子发芽率、发芽势和发芽指数的测定

实验原理

种子在适宜的水分/湿度、氧气、温度条件下萌发。在规定天数内,发芽的种子数和供试的种子数的百分比称为发芽率。为了表示萌发速度和整齐度,反映种子生活力程度,规定在较短的时间内能正常萌发的种子数为发芽势。浸泡一定时间的发芽数和发芽需要的天数之比为发芽指数。将发芽指数或发芽率与幼苗生长量相乘,得到活力指数,也是表示种子活力的指标之一。幼苗的生长量可用质量或长度表示。

$$发芽率 = \frac{发芽结束时正常发芽的种子数}{供试种子数} \times 100\% \quad (1-4)$$

$$发芽势 = \frac{规定时间内正常发芽的种子数}{供试种子数} \times 100\% \quad (1-5)$$

$$发芽指数 = \sum \frac{浸种一定时间的发芽数}{相应的发芽日数} \times 100\% \quad (1-6)$$

$$活力指数 = 发芽指数 \times 幼苗生长量(长度或质量) \quad (1-7)$$

$$简化活力指数 = 发芽率 \times 幼苗生长量(长度或质量) \quad (1-8)$$

实验材料、器材与试剂

【实验材料】实验1中的玉米种子。

【实验器材】培养箱、培养皿、滤纸或湿沙、镊子。

【实验试剂】1% 次氯酸钠（NaClO）溶液。吸取 1 mL NaClO 瓶装溶液，用蒸馏水定容至 100 mL。

实验步骤

（1）随机取种子100～150粒，用 NaClO 溶液消毒 1 min 后，均匀排列在铺有滤纸的培养皿中（注意种子间留有一定间隔），加入适量蒸馏水，置于30 ℃左右的培养箱中萌发，注意每天补充水分，使滤纸保持湿润。每天记录种子发芽粒数，3 d 后测定种子的发芽势，7 d 后测定种子的发芽率、发芽指数和简化活力指数（可根据不同的植物种子设定时间），将所获得的实验数据填于表1-3中。

表1-3 种子发芽情况测定的原始数据记录

重复	种子总数	1 d	2 d	3 d	4 d	5 d	6 d	7 d	
								发芽数	生长量
1									
2									
3									
平均									

（2）运用表1-3中的实验数据，按照式（1-4）至式（1-7）计算种子的发芽率、发芽势、发芽指数和活力指数，将所获得的数据填入表1-4中。

表1-4 种子发芽测定结果

重复	发芽率/%	发芽势/%	发芽指数/%	活力指数
1				
2				
3				
平均值				

实验3 谷物种子萌发时淀粉酶活力的测定

实验原理

谷物种子中的贮藏物质是淀粉。在萌发过程中，淀粉在淀粉酶水解作用下转变成简单的有机物质，这些物质是形成新器官的材料。在一定的条件下测量淀粉糖化过程所需的时间即可表示酶活力的大小。

实验材料、器材与试剂

【实验材料】实验1、实验2中所用的玉米种子，或其他禾本科植物的种子。

【实验器材】天平、恒温水浴锅、研钵、白瓷板、漏斗、漏斗架、培养皿、三角烧瓶、滤纸。

【实验试剂】（1）1%淀粉溶液。称取1 g淀粉，用蒸馏水加热溶解，定容至100 mL。

（2）0.2 mol/L磷酸缓冲液（pH=6.0）。配制方法见附录一。

（3）0.6 g/L标准糊精溶液。称取0.03 g糊精，悬浮于少量水中，再移至沸水浴中加热溶解，冷却后定容至50 mL，取1 mL加入3 mL标准稀碘液，混匀，此溶液的颜色作为标准比较颜色。

（4）I_2-KI溶液。①原碘液。称取I_2 0.55 g，KI 1.1 g，用蒸馏水溶

解，定容至 25 mL。②标准稀碘液。取原碘液 3 mL，加 KI 1.6 g，用蒸馏水溶解，定容至 100 mL。③比色稀碘液。取原碘液 0.4 mL，加 KI 4 g，用蒸馏水溶解，定容至 100 mL。

实验步骤

1. 实验材料的准备

于实验前 6 d 开始，每天发芽玉米种子，共获得发芽 0 d、1 d、2 d、3 d、4 d、5 d 的玉米种子。

2. 淀粉酶溶液的制备

将不同发芽天数的幼苗用水洗净，各称取幼苗胚乳部分 0.5 g，分别置于研钵中，加 5 mL 磷酸缓冲液，仔细研磨成匀浆，用适量缓冲液冲洗，最后定容至 10 mL，4 000 r/min 离心 10 min，取上清液备用。

3. 保温糖化

取 20 mL 1% 淀粉溶液和 5 mL 磷酸缓冲液于三角瓶中，置于 35 ℃ 水浴中平衡 15 min，加 1 mL 制备好的酶溶液，立即记录时间。

4. 显色、观察及测定

吸取上述混合液 1 滴于白瓷板上，加 1 滴比色稀碘液，观察颜色的变化，当颜色变化到与标准糊精颜色相似时即达到反应终点，记录糖化时间 t；将不同萌发天数玉米的淀粉酶糖化时间记录到表 1-5 中，并对颜色变化过程进行拍照，比较反应起始颜色与终点颜色的差别。

表 1-5 玉米种子不同萌发天数淀粉酶糖化时间（单位为 min 或者 s）

重复次数	0 d	1 d	2 d	3 d	4 d	5 d
1						
2						
3						
平均值						
酶活力 U_a						

5. 酶活力 U_a 计算

$$U_a = (60/t) \times 20 \times 1\% \times (V_1/V) \quad (1-9)$$

式中，U_a 指酶活力单位，1 g 材料 1 h 消化 1 g 淀粉的酶活力为 1 个单位；V_1 指每克材料制得的酶液体积，单位为 mL，本实验中为 10 mL；V 指参加糖化反应的酶液体积，单位为 mL，本实验中为 1 mL；t 指淀粉酶糖化时间，单位为 min。

实验过程中，可根据种子酶活力的情况调节酶提取液浓度，使反应能在合适的时间内完成。

实验 4　油类种子萌发时脂肪酸含量的变化

实验原理

油菜籽等含油脂较多的油类种子萌发时，其贮藏的脂肪在脂肪酶的作用下被水解成脂肪酸和甘油，生成的脂肪酸可用碱进行滴定。

实验材料、器材与试剂

【实验材料】油料种子，如风干的油菜籽、芝麻、花生等。

【实验器材】小型磨粉机、台式天平、水浴锅、研钵、漏斗、大试管和橡皮塞、培养皿、100 mL 三角烧瓶、移液管、碱式滴定管。

【实验试剂】

(1) 1% 酚酞溶液。称取 1 g 酚酞溶于 100 mL 95% 乙醇溶液中。

(2) NaOH 溶液。称取 2 g NaOH，蒸馏水溶解，定容至 1 000 mL。

(3) NaOH 溶液浓度的标定。用万分之一的天平称取干燥过的邻苯二甲酸氢钾 0.125～0.150 g 3 份，分别置于 250 mL 三角瓶中；将蒸馏水煮沸冷却，除去 CO_2，取 80 mL 溶解称好的邻苯二甲酸氢钾；加酚酞指示剂 2～3 滴，用所配的 NaOH 溶液滴定至微红色（约 15 mL）。依式 (1-11) 计算标定的 NaOH 溶液的准确的物质量浓度 M，求 3 份样品的平均值，结果保留至小数点后 4 位：

$$M = \frac{W \times 1\,000}{m \times V_K} \quad (1-10)$$

式中，M 指最终标定的 NaOH 溶液的物质的量浓度，单位为 mmol/mL；W 指配制邻苯二甲酸氢钾标准溶液时称取的质量，单位为 g；V_K 指滴定 NaOH 标准溶液时所消耗的邻苯二甲酸氢钾溶液体积，单位为 mL；m 指每毫摩尔邻苯二甲酸氢钾的质量，等于 2 043 mg。

实验步骤

（1）先将风干的油菜籽磨成粉备用，另取 1 g 油菜籽于培养皿中的湿滤纸上发芽，待胚根长达 0.5～1.0 cm 即可用于实验。

（2）称取 1 g 油菜籽粉置于试管中，加 95% 乙醇溶液定容至 25 mL，加盖。

（3）将已发芽的油菜籽全部放于研钵中，加 3 mL 95% 乙醇溶液和少许石英砂，研磨成匀浆，倒入另一支试管中；再取 95% 乙醇溶液洗涤研钵，将洗液全部并入试管中，定容至 25 mL，加盖。

（4）将步骤（2）、步骤（3）中的两支试管在 70 ℃ 水浴锅中保温 30 min，分别过滤，吸取滤液 10 mL 置于三角瓶中，加酚酞试剂 2 滴，用标定好浓度的 NaOH 溶液滴定，变为微红色，在 1 min 内不褪色即为终点。记录使用的 NaOH 溶液体积数 V（单位：mL），以 NaOH 的物质的量表示种子的脂肪酸总量，将实验数据填入表 1-6 中，比较油料种子萌发过程中脂肪酸含量的变化。

$$\text{脂肪酸含量} = \text{NaOH 的物质的量} = V \times M \quad (1-11)$$

表 1-6　油料种子在不同萌发时间中生成的脂肪酸含量的变化

重复	0 d	1 d	2 d	3 d	4 d	5 d
1						
2						
3						
平均值						

实验 5　大豆萌发时氨基酸含量的变化

实验原理

大豆种子含有丰富的蛋白质。大豆种子萌发时，蛋白质被蛋白酶水解成氨基酸，生成的氨基酸与茚三酮作用生成紫红色化合物，可用比色法进行测定。

实验材料、器材与试剂

【实验材料】风干的大豆种子。

【实验器材】分光光度计、天平、水浴锅、研钵、大试管、25 mL 容量瓶。

【实验试剂】

（1）95％乙醇溶液。

（2）100 mL/L 乙酸溶液。量取 100 mL 乙酸，用水蒸馏稀释，定容至 1 000 mL。

（3）10 mg/mL 抗坏血酸溶液。称取 1 g 抗坏血酸，用蒸馏水溶解，定容至 100 mL。

（4）100 μg/mL 亮氨酸溶液。10 mg 亮氨酸溶于 100 mL 95％乙醇溶液中。

（5）1 mg/mL 茚三酮溶液。100 mg 茚三酮溶于 100 mL 95％乙醇溶液中。

实验步骤

（1）将大豆种子浸水吸胀，然后播种于湿沙中。取不同萌发天数的大豆 1 g 于研钵中，加少许石英砂和 5 mL 95％乙醇溶液，研磨成匀浆，然后倒入具塞的试管中；用约 15 mL 的 95% 乙醇溶液清洗研钵，洗液并入试管中，盖好。另取一份大豆种子磨粉，称取磨好的大豆粉 0.1 g 于另一支带盖的试管中，加 20 mL 的 95% 乙醇溶液，盖好。将这两支试管置于 70 ℃ 水浴锅中保温 30 min。

（2）保温结束后，取出试管静置冷却，用 95% 乙醇溶液定容至 25 mL。将上层清液用滤纸过滤，滤液用于测定。

（3）另取大豆粉和发芽大豆，质量记为 W_1（单位：g），分别置于 105 ℃ 烘箱中烘干，获得大豆粉和发芽大豆的干物质含量，烘干后的质量记为 W_2（单位：g），按照式（1-12）计算干物质含量，将实验数据填入表 1-7 中。

$$干物质含量 = (W_2/W_1) \times 100\% \qquad (1-12)$$

表 1-7 大豆种子干物质含量的测定

	重复	烘干前 W_1/g	烘干后 W_2/g	干物质含量/%
干种子	1			
	2			
	3			
	平均			
发芽 0 d	1			
	2			
	3			
	平均			
发芽 2 d	1			
	2			
	3			
	平均			
发芽 4 d	1			
	2			
	3			
	平均			
发芽 6 d	1			
	2			
	3			
	平均			

(4)氨基酸含量的标准曲线制作。用 100 μg/mL 标准亮氨酸溶液配制质量浓度为 0 μg/mL、1 μg/mL、5 μg/mL、10 μg/mL、15 μg/mL、20 μg/mL、25 μg/mL 的亮氨酸溶液,各取 1 mL 亮氨酸溶液分别加入 7 支具塞试管中,分别编号为 1、2、3、4、5、6、7,再向每支试管加入 3 mL 茚三酮溶液、0.1 mL 抗坏血酸溶液,盖好,沸水浴 15 min,冷却后于波长 580 nm 处测定吸光值(OD),上述操作各重复 3 次,将数据记录于表 1-8 中;用 Excel 软件绘制氨基酸浓度与吸光值关系曲线。

表 1-8 氨基酸浓度测定标准曲线制作

试管编号	亮氨酸溶液浓度/($\mu g \cdot mL^{-1}$)	OD_1	OD_2	OD_3	OD 平均值
1	0				
2	1				
3	5				
4	10				
5	15				
6	20				
7	25				

(5)分别吸取干种子及发芽种子的滤液 1 mL 于具塞试管中,每支试管中加 3 mL 茚三酮试剂和 0.1 mL 抗坏血酸溶液,盖好,沸水浴 15 min,冷却后于 580 nm 处测定吸光值,将数据记录在表 1-9 中。根据样品的吸光值,通过氨基酸浓度与吸光值关系曲线得到样品中氨基酸浓度 C,根据式(1-13)计算每克发芽干大豆和未发芽干大豆中的氨基酸含量(单位:μg),并将计算结果填入表 1-10 中。

$$每克干重样品中的氨基酸含量 = (C \times V)/(m \times D) \quad (1-13)$$

式中,C 指样品反应液中测得的氨基酸质量浓度,单位为 μg/mL,根据制备的标准曲线计算得到;V 指提取液的体积,单位为 mL,本实验中为 25 mL;m 指样品质量,单位为 g;D 指样品中干物质百分含量。

(6)计算。

$$大豆种子在萌发过程中产生的氨基酸量 = 不同发芽天数产生的氨基酸量 - 干种子中的氨基酸量 \quad (1-14)$$

表 1-9 样品滴定记录

试管编号	内容物	OD_1	OD_2	OD_3	OD 平均值
1	干种子				
2	发芽 0 d				
3	发芽 2 d				
4	发芽 4 d				
5	发芽 6 d				

表 1-10 大豆种子萌发过程中氨基酸含量的变化

	反应液中氨基酸的浓度 $C/(\mu g \cdot mL^{-1})$	样品中氨基酸含量/$(\mu g \cdot g^{-1})$	萌发产生的氨基酸含量/$(\mu g \cdot g^{-1})$
干种子			—
发芽 0 d			
发芽 2 d			
发芽 4 d			
发芽 6 d			

教学建议

可准备不同植物种子,采用小组合作的形式完成实验。每小组完成一种种子的指标测定,包括种子活力快速鉴定、田间发芽指标测定、不同萌发天数淀粉酶活性检测,并记录原始数据。实验结束后,将各小组的数据进行汇总,对不同植物品种的种子活力等指标进行统计比较分析,所获得数据用于数据统计分析和撰写实验报告或科研论文。

思考题

(1)采用红墨水法和 TTC 法进行种子活力的快速测定,结果有什么不同?为什么会出现不同的结果?分析产生这种实验结果的原因。

（2）种子活力、种子寿命、种子发芽率、种子发芽势、种子发芽指数的分别是什么含义？它们之间的相互关系是什么？

（3）谷物类种子萌发过程中，淀粉酶来源于哪里？酶的催化方式和催化特点是什么？怎么鉴定酶的活性？

（4）完成实验后撰写研究报告。

专题二　植物的水分代谢

植物组织中的水分以自由水（free water）和束缚水（bound water）两种不同的状态存在。自由水是指在生物体内或细胞内不被胶体颗粒或大分子吸附、能自由移动、起溶剂作用的水。束缚水是指被细胞内胶体颗粒或大分子吸附或存在于大分子结构空间、不能自由移动、具有较低的蒸汽压、在远低于0 ℃的温度下结冰、不起溶剂作用、似乎对生理过程是无效的水。自由水和束缚水在细胞中所起的作用不同，两者比例的不同，会影响到原生质的物理性质，进而影响代谢的强度。自由水占总含水量的比例越大，原生质的黏度越小，且原生质呈溶胶状态，代谢也越旺盛；反之，则植株生长较缓慢，但抗性较强。因此，自由水和束缚水的相对含量可以作为植物组织代谢活动及抗逆性强弱的重要指标。

在逆境条件下，植物组织可通过积累渗透调节物质（如脯氨酸、甜菜碱、可溶性糖等）的方式，降低植物细胞的水势，增加细胞吸水的竞争力，以避免在逆境条件下因为失水而受到伤害。例如，生长在盐渍条件下的盐生植物，为了成功地从周围环境吸收水分，它们必须保持细胞内具有高浓度的渗透活性物质，以降低本身细胞的水势，维持从环境中吸水的能力。许多非盐生植物的细胞，在一定盐度下经过一定时间的逐步适应会产生一定的抗盐性，其原理是植物在低盐环境下逐渐积累渗透调节物质（如脯氨酸、甜菜碱等），同时植物的基因组中都存在着耐盐基因，通过一定的适应锻炼，耐盐基因得到了适当的表达，产生耐盐蛋白，从而提高其耐盐性。

植物组织的含水量是反映植物组织水分生理状况的重要指标，如水果、蔬菜含水量的多少对其品质有影响，种子含水状况对安全贮藏更有重要意义。不同环境条件下植物组织的含水量也会产生变化，利用水遇热蒸发为水蒸气的原理，可用加热烘干法来测定植物组织中的含水量，可通过测定植物组织的渗透势来判断植物是否缺水。植物组织含水量的表示方法，常以在鲜重或干重中的百分比表示，有时也以相对含水量（组织含水量在饱和含水量中的百分比）表示，后者更能表明它的生理意义。

通过本专题的实验可测定不同植物的含水量、植物细胞渗透势或水势等的变化，对植物的水分代谢状态进行评价。

实验 6　植物组织的总含水量、自由水和束缚水含量的测定

实验原理

水分总是从水势高处向水势低处流动。将植物组织浸入高浓度（低水势）的蔗糖溶液中一定时间后，植物细胞中的自由水会完全扩散到蔗糖溶液中，只剩下束缚水。自由水扩散到糖液后，糖液的质量增加，蔗糖浓度降低。通过测定糖液中蔗糖的最终浓度，再根据该糖液的初始浓度及质量，即可求出糖液的最终质量。糖液质量的变化值即为植物组织中的自由水的量（即扩散到高浓度糖液中的水的量）。最后，用同样的植物组织的总含水量减去此自由水的含量，得到植物组织中束缚水的含量。

实验材料、器材与试剂

【实验材料】植物叶片或其他组织。

【实验器材】阿贝折射仪、烘箱、干燥器、称量瓶、坩埚钳、打孔器（直径为 0.5 cm）、烧杯、瓷盘、电子天平、量筒、真空泵。

【实验试剂】浓度约 2 mol/L 的蔗糖溶液。称取蔗糖 60～65 g，用蒸馏水溶解，定容至 100 mL（蔗糖分子量为 342.3，此实验对蔗糖浓度要求不需要太精确，维持足够低水势即可）。

实验步骤

1. 植物组织含水量（自然含水量）的测定（以叶片为例）

（1）每一份植物组织样本准备3只称量瓶（重复3次，下同），依次编号，在80～90 ℃条件下将称量瓶干燥2～3 h，干燥器冷却后分别准确称重，记录为 W_1。

（2）选取植物叶片，用打孔器钻取小圆片150片（注意避开粗大的叶脉），立即装到上述称量瓶中（每瓶随机装入50片），盖紧瓶盖并精确称重，记录为 W_2。

（3）将称量瓶连同小圆片置烘箱中105 ℃下烘10 min以杀死植物组织细胞，再于80～90 ℃条件下烘干至恒重（称重时须置干燥器中，待冷却后称），记录为 W_3。

上述称量瓶质量为 W_1，称量瓶与新鲜小圆片的质量为 W_2，称量瓶与烘干的小圆片的质量为 W_3（以上质量单位均为g，下同）。将所得的实验数据记录于表2-1中。

表2-1　植物组织含水量测量记录表

重复次数	称量瓶质量 W_1/g	称量瓶与新鲜小圆片质量 W_2/g	称量瓶与烘干的小圆片质量 W_3/g	含水量 [(W_2-W_1)/(W_3-W_1)]%
1				
2				
3				
平均值				

2. 植物组织中自由水含量的测定

（1）取称量瓶3个，编号、烘干至恒重后，分别准确称重（W_1）。

（2）用打孔器打取小叶圆片150片（植物材料的选取同上），立即随机装入3个称量瓶中（每瓶装50片），盖紧瓶盖并立即称重（W_2）。

（3）在3个称量瓶中各加入2 mol/L的蔗糖溶液10 mL，然后分别准确称重（W_3）。

（4）将各瓶置于干燥器中抽真空，使糖溶液充分进入细胞间隙。然后将各瓶置于暗环境中 1 h，其间不时轻轻摇动。到预定的时间后，充分摇动溶液，用阿贝折射仪分别测定各瓶中的糖液浓度（C_2），同时测定原糖液浓度（C_1）。

植物组织中自由水的含量（在鲜重中的百分比）可由式（2-1）算出。将实验数据记录在表2-2中。

$$\text{植物组织中自由水的含量} = \frac{(W_3 - W_2) \times (C_1 - C_2)}{(W_2 - W_1) \times C_2} \times 100 \quad (2-1)$$

表2-2 植物组织自由水含量记录表

重复次数	W_1/g	W_2/g	W_3/g	C_1	C_2	自由水含量/%
1						
2						
3						
平均值						

3. 植物组织中束缚水含量的计算

植物组织中束缚水含量（在鲜重中的百分比）为组织总含水量（在鲜重中的百分比）减去组织中自由水的含量（在鲜重中的百分比），即

植物组织中束缚水的含量 = 组织总含水量 - 组织中自由水的含量

$$(2-2)$$

实验7 植物细胞渗透势的测定

实验原理

植物细胞是一个渗透系统，细胞的水势 ψ_{cell} = 压力势 ψ_p + 渗透势 ψ_s + 衬质势 ψ_m。对于一个具有大液泡的成熟植物细胞，衬质势 ψ_m 可以忽略不计，因此，细胞的水势 ψ_{cell} = 压力势 ψ_p + 渗透势 ψ_s。

若将植物细胞放在各种不同浓度的蔗糖溶液中，则当细胞的水势与外界溶液的水势不相等时，两者便会发生水分的交换。当细胞的水势（ψ_{cell}）低于外界溶液的水势（ψ_{sol}）时，细胞吸水，于是细胞处于膨胀状态；当细胞的水势高于外溶液的水势时，细胞中的水分往外渗透，引起质壁分离；当细胞的水势与外界溶液的水势相等时，细胞内外水分交换处于动态平衡，细胞既不吸水，也不失水，此时压力势 $\psi_p = 0$，细胞水势 ψ_{cell} = 细胞渗透势 ψ_s = 外界溶液的水势 ψ_{sol}，这个外界溶液也称为等渗溶液。

当用一系列梯度已知浓度的溶液观察植物细胞质壁分离现象时，等渗溶液将介于刚刚引起初始质壁分离的浓度和尚不能引起质壁分离的浓度之间。将等渗溶液的浓度代入式（2-3）即可计算出等渗溶液的水势，这个水势约等于细胞渗透势。本实验中以显微视野中有半数细胞产生初始质壁分离确定为初始质壁分离的浓度。

$$\psi_s = -iCRT \tag{2-3}$$

式中，i 指离解系数，蔗糖的 $i=1$；C 指等渗溶液的浓度；R 指气体常数，为 0.008 3 MPa·L/(mol·K)；T 指绝对温度，即 (273+t) K。

实验材料、器材与试剂

【实验材料】紫竹梅、洋葱，或者其他细胞液含有明显色素的植物叶片。

【实验器材】鸡蛋膜、漏斗、棉线、烧杯、蒸馏水、天平、容量瓶、盖玻片、载玻片、镊子、烧杯、培养皿、显微镜。

【实验试剂】（1）1 mol/L 蔗糖溶液。称取 34.2 g 蔗糖，用蒸馏水溶解，定容至 100 mL。

（2）稀盐酸。取 1 mL 浓盐酸，用蒸馏水稀释至 100 mL。

实验步骤

1. 水分通过半透膜的渗透现象观察

（1）取鸡蛋1个，敲开1个小孔，将里面的蛋清、蛋黄等内容物倒出来；将蛋壳用清水稍微清洗，浸泡到稀盐酸中过夜。待壳溶解后，轻轻地取出卵膜，用清水冲洗，注意不要弄破卵膜。

（2）将卵膜绑缚在一根细长玻璃管上，用棉绳系严实，然后由玻璃管口注入1 mol/L蔗糖溶液至卵膜绑缚处。

（3）把整个装置浸入盛有水的烧杯中，调整装置入水深度使玻璃管内外液面相等。观察漏斗内液面上升的情况。实验装置如图2-1所示。

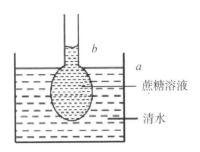

图2-1 水分通过半透膜的渗透作用

2. 植物细胞质壁分离和复原现象的观察

（1）用镊子撕取植物叶下表皮一小块，放在滴有清水的载玻片上，盖上盖玻片，于显微镜下观察细胞正常情况（原生质层紧贴着细胞壁）。

（2）从盖玻片的一侧滴入1 mol/L蔗糖溶液，并在盖玻片的另一侧用吸水纸吸去溶液，一边操作，一边观察细胞逐渐发生质壁分离现象。当表皮浸入糖液之后，在显微镜下可见到细胞膜与细胞壁逐渐分离。

（3）从盖玻片的另一侧滴入清水，在盖玻片的一侧用吸水纸吸去溶液，一边操作，一边观察细胞逐渐发生质壁分离复原的现象。

（4）对植物细胞最初状态、初始发生质壁分离、质壁分离、质壁分离复原的现象进行拍照。

3. 植物细胞渗透势的测定（质壁分离法）

（1）用 1 mol/L 蔗糖溶液（母液）配制 0 mol/L、0.1 mol/L、0.2 mol/L、0.3 mol/L、0.4 mol/L、0.5 mol/L、0.6 mol/L 蔗糖溶液各 10~20 mL，置于培养皿中，摇匀，加盖防止水分蒸发。

（2）撕取植物叶片（如紫竹梅或洋葱叶片）下表皮若干，分别投入各种浓度的蔗糖液中，使其完全浸入。

（3）10~15 min 后依次取出表皮放在载玻片上，取上述的各自对应的不同浓度的蔗糖溶液 1 滴滴于表皮上，盖上盖玻片，在显微镜下观察细胞产生质壁分离的情况，并根据实验结果确定下表皮细胞的等渗浓度 C，将所得实验数据填入表 2-3 中。

（4）根据式（2-3），计算出所测植物细胞的渗透势 ψ_s，填入表 2-3 中。

表 2-3 植物叶片下表皮细胞的渗透势的测定

植物	重复次数	蔗糖浓度/(mol·L^{-1})							等渗浓度 C/(mol·L^{-1})	ψ_s/MPa
		0	0.1	0.2	0.3	0.4	0.5	0.6		
洋葱	1									
	2									
	3									
	平均值									
紫竹梅	1									
	2									
	3									
	平均值									

实验 8　植物组织的水势测定（小液流法）

实验原理

植物组织的水分状况可用水势来表示。植物体细胞之间、组织之间，以及植物体与环境之间的水分移动都由水势差决定。将植物组织放在已知水势的一系列溶液中，若植物组织的水势（ψ_{cell}）小于某一溶液的水势（ψ_{sol}），则组织吸水，反之植物失水；若两者相等，则水分交换保持动态平衡。组织的吸水或失水会使溶液的浓度、密度、电导率以及组织本身的体积与质量发生变化。根据这些参数的变化情况可确定与植物组织相等水势的溶液。

将植物组织分别放在一系列浓度递增的溶液中，若找到与植物组织之间水分保持动态平衡时的某一浓度溶液，则可认为此植物组织的水势等于该溶液的水势，该溶液浓度就是该植物组织等渗溶液。溶液的浓度是已知的，可以根据式（2-3）算出其水势，即为溶液的水势（ψ_{sol}），也即代表植物的水势（ψ_{cell}）：

$$\psi_{sol} = \psi_{cell} = -iCRT \qquad (2-4)$$

其中，i 指离解系数，蔗糖的 $i=1$；C 指等渗溶液的浓度；R 指气体常数，为 0.008 3 MPa·L/(mol·K)；T 指绝对温度，即 $(273+t)$ K。

实验材料、器材与试剂

【实验材料】植物叶片。

【实验器材】带塞青霉素小瓶 12 个、弯头滴管、镊子、打孔器、培养皿。

【实验试剂】1 mol/L 蔗糖母液、亚甲蓝粉末。

实验步骤

（1）用 1 mol/L 蔗糖溶液（母液）配制 0 mol/L、0.1 mol/L、0.2 mol/L、0.3 mol/L、0.4 mol/L、0.5 mol/L 蔗糖溶液各 10 mL。取干燥洁净的青霉素瓶 6 个为甲组，各瓶中分别加入上述蔗糖溶液约 4 mL（约为青霉素瓶的 2/3 处）；另取 6 个干燥洁净的青霉素瓶为乙组，各瓶中分别加入上述蔗糖溶液 1 mL 和微量亚甲蓝粉末着色，将上述各青霉素瓶贴上标签注明浓度。

（2）取待测植物样品的功能叶数片，用 0.5 cm 直径的打孔器打取小圆片约 50 片，放至培养皿中，混合均匀。用镊子夹入小圆片到盛有不同浓度的亚甲蓝蔗糖溶液的青霉素瓶（乙组）中，每瓶 10 片。盖上瓶塞，并使叶圆片全部浸没于溶液中，放置 30～60 min。为使水分尽快达到平衡状态，应经常摇动小瓶。

（3）经一定时间后，用弯头滴管吸取乙组各瓶蓝色糖液少许，将滴管插入对应浓度的甲组青霉素瓶溶液中部，小心地放出少量液流，观察蓝色液流的升降运动方向。每次测定下一个样品前，均要用含有叶片待测浓度的亚甲蓝蔗糖溶液清洗几次滴管。用此方法检查各瓶中液流的升降运动方向。若液流上升，则说明浸过小圆片的蔗糖溶液浓度变小（即植物组织失水），表明叶片组织的水势高于该浓度蔗糖溶液的水势；若蓝色液流下降，则说明叶片组织的水势低于该蔗糖溶液的水势；若蓝色液流静止不动，则说明叶片组织的水势等于该蔗糖溶液的水势，此蔗糖溶液的浓度即为叶片组织的等渗浓度。若观察不到液流静止不动的情况，则取引起液滴下降的最高浓度和液滴上升的最低浓度的平均值，此为等渗浓度。将等渗浓度值 C 代入式（2-4），计算出植物组织的水势。将所有结果记录到表 2-4 中。

表 2-4 植物叶片的水势测定

重复	指标 蔗糖溶液浓度/($mol \cdot L^{-1}$)	液流的升降运动方向						等渗浓度 C/($mol \cdot L^{-1}$)	ψ_{cell}/MPa
		0	0.1	0.2	0.3	0.4	0.5		
1									
2									
3									
平均值									

实验9　植物叶片气孔密度和面积的测定

实验原理

在植物的蒸腾作用过程中，气孔蒸腾占有极重要的地位，而气孔的密度和面积与气孔蒸腾的强度有密切的关系，因此，了解气孔在叶面上的密度和面积，对于理解植物的蒸腾作用有着重要的意义。

可先用显微镜数得每一视野中气孔的数目，然后用物镜测微尺量得视野的直径，求得视野面积，由此计算出单位叶面上气孔的数目。气孔面积的测量借助于显微镜描绘器，在坐标纸上绘图后求得。

实验材料、器材与试剂

【实验材料】植物叶片。

【实验器材】显微镜、物镜测微尺、绘图仪（或显微镜描绘器）、载玻片、盖玻片、图钉、坐标纸。

【实验试剂】火棉胶（如有需要时使用）。

实验步骤

1. 气孔数目与密度测定

将新鲜叶片上（或下）表皮制片，置于显微镜下计算出视野中气孔的数目（用低倍镜还是高倍镜，决定于表皮上气孔的数目）。移动制片，在表皮的不同部位进行5～6次计数，求平均值。随后用物镜测微尺量得视野的直径，求出半径 r，代入 $S = \pi r^2$ 计算出视野面积 S，用视野中气孔的平均数除以视野面积，即可求出气孔的密度，以每平方毫米叶片上的气孔个数表示，即以"个/平方毫米"表示，将实验数据填入表2-5中。

表2-5　植物叶片下表皮气孔密度与面积

重复次数	气孔密度/(个/平方毫米)	气孔直径/μm	气孔面积/mm²
1			
2			
3			
平均值			

2. 气孔面积测量

测得 50～100 个气孔的面积，计算出平均值，将气孔面积平均值与气孔密度相乘，即得气孔总面积。气孔面积测定方法如下：

用图钉将坐标纸固定在显微镜右面的桌面上，调节描绘器上的反光镜，使其成 45°倾斜，然后调节光线亮度，使气孔与坐标纸的形象在显微镜视野中重合，用铅笔在坐标纸上绘若干个气孔图，这样放大后的气孔面积即可从坐标纸上计算得知。例如，描绘在坐标纸上气孔的面积等于 30 mm²，要计算气孔的实际面积，还必须知道显微镜的放大倍数。为此，取物镜测微尺置于显微镜下，按照前述方法描绘若干测微尺的刻度于坐标纸上，以确定放大后的测微尺每一刻度相当于多少毫米。因为物镜测微尺每一小格刻度的实际长度为 10 μm 是已知的，所以由此可求得显微镜的放大倍数。

例如，测微尺的每一刻度等于坐标纸上的 5 mm，那么显微镜的放大倍数即为 500。确定了长度的放大倍数后，还需要算出面积的放大倍数，由上面可知实际面积为 100 μm²，放大后为 25 mm²。用比例法即可求得气孔的实际面积为

气孔的实际面积 = (100 μm² × 30 mm²)/25 mm² = 120 μm²

实验 10　植物蒸腾强度的测定

实验原理

采用容积法测定植物的蒸腾强度。将植物枝条与带刻度的玻璃管用乳

胶管连接起来，向管内充满水，组成一个简易蒸腾计。植物蒸腾一定时间（t）后，失去的水分造成滴定管的液面下降，故可从滴定管的水面刻度变化读出蒸腾失水的容积，换算成质量即为蒸腾的水量（$M_{叶}$）。然后蒸腾的水量除以用质量法测定出的枝条中叶的总面积（$S_{叶}$），即可求出植物的蒸腾强度。蒸腾强度是指植物在一定时间内单位叶面积蒸腾的水量，一般以每小时每平方分米所蒸腾的水量（单位：g）表示。

质量法测定叶面积的原理是：假定一张白纸各部分分布均匀，那么纸的面积（$S_{纸}$）就与纸的质量（$m_{纸}$）成正比，该纸单位质量的面积为 $S_{纸}/m_{纸}$，知道质量就可求出面积。将枝条上的叶片的实际大小描在白纸上，并沿笔线剪下来，然后称其总质量（$m_{叶}$），则叶的总面积为

$$S_{叶} = (S_{纸}/m_{纸}) \times m_{叶} \tag{2-5}$$

实验材料、器材与试剂

【实验材料】带叶植物枝条。

【实验器材】10 mL 或 15 mL 的移液管、铁架台及滴定管夹、乳胶管、白纸（或报纸）数张、电子天平、铅笔等。

实验步骤

（1）将乳胶管紧紧套在移液管尖端，在水盆中将移液管和乳胶管内注满水，调节管内水位在某一刻度。

（2）取植物枝条，保留几片叶子，然后于水中将枝条剪断，以免枝条导管内进入空气。将带叶的植物枝条插入乳胶管的另一端，用棉绳系紧保证不漏水。注意排出管内的气泡。

（3）将安装好的简易蒸腾计固定在滴定管夹上成 U 形装置。轻轻擦干叶片表面水分，开始计时并记下滴定管内的初始水位，30～60 min 后，记录滴定管水位刻度。初始刻度与结束刻度之间的差值，即为植物枝条蒸腾失水量，记录为 $M_{叶}$。

（4）取各部分分布均匀的白纸或报纸一张，用直尺测量纸长宽，计算

出纸的面积，记录为 $S_{纸}$；对纸进行称重，记录为 $m_{纸}$。

（5）将枝条上的叶子全部剪下，将叶子的形状准确地描在白纸上，并沿笔线剪下来，然后称其总质量，记录为 $m_{叶}$，根据式（2-5）计算叶片总面积。

（6）根据式（2-6）计算出蒸腾强度，然后将所有数据填入表 2-6 中。

$$Q = M_{叶}/(S_{叶} \times t) \qquad (2-6)$$

式中，Q 指蒸腾强度，单位为 $g/(dm^2 \cdot h)$；$M_{叶}$ 指蒸腾水量，单位为 g；t 指蒸腾时间，单位为 h；$S_{叶}$ 指叶面积，单位为 dm^2。

表 2-6 植物蒸腾强度的测定

重复次数	$M_{叶}$/g	$m_{叶}$/g	$m_{纸}$/g	$S_{纸}/dm^2$	$S_{叶}/dm^2$	$Q/(g \cdot dm^{-2} \cdot h^{-1})$
1						
2						
3						
平均值						

教学建议

在进行细胞渗透势或细胞水势观察的实验时，可提前 1 周用含有 0 g/L、6 g/L、9 g/L、12 g/L NaCl 的 1/4 Hoagland 溶液（将 Hoagland 溶液按照浓度的 1/4 进行稀释）对植物进行培养，培养方法见专题三的实验 11，研究不同浓度的 NaCl 胁迫后植物各种水分代谢指标的变化。在做气孔观察测定实验时，可选择不同品种的植物，比如水生植物、旱地植物和一般陆生植物进行比较，或者在不同的环境状态下的同一种植物来进行实验，研究不同植物品种、不同环境对植物气孔状况的影响。

思考题

（1）同一植株不同部位、不同长势和不同叶龄的叶片的总含水量、自由水与束缚水含量,以及自由水和束缚水的比值是否一致?为什么?

(2)不同生境中植物的总含水量、自由水与束缚水含量,以及自由水和束缚水的比值有什么区别?这些结果说明了什么问题?

(3)渗透作用的原理是什么?如果将漏斗内的蔗糖用酒精、丙酮、NaCl 等物质代替,渗透作用还会发生吗?卵膜能用其他物质代替吗?如果能,原理是什么?

(4)能产生质壁分离和出现质壁分离复原现象的细胞是死细胞还是活细胞?如果细胞长时间浸泡在蔗糖溶液中,会出现什么现象?原因是什么?

(5)植物细胞渗透势与哪些因素有关?同一植物不同部位细胞渗透势是否相同?同一植物在不同的环境条件下,同一部位细胞的渗透势是否相同?同一环境条件下生长的不同植物,植物细胞的渗透势是否相同?

(6)用小液流法和质壁分离法测得的植物细胞水势有何不同?用小液流法测定植物组织水势时,哪些因素会影响实验的效果?

(7)进行蒸腾速率测定时,为何要在水中剪断枝条?乳胶管内为何不能有气泡?称重前,若剪下的纸被水打湿,将对结果产生什么影响?

专题三　植物的矿质营养

植物的生长发育，除需要充足的阳光和水分外，还需要矿质营养。当缺少某种必需元素时，植物不能很好地生长发育甚至死亡。已经知道植物生长发育必需的元素有碳、氢、氧、氮、磷、钾、硫、钙、镁、硅、铁、锰、硼、锌、铜、钼、钠、镍和氯等19种。利用溶液培养法观察矿质元素对植物生长发育的影响，可以避免土壤里的各种复杂因素对实验造成的影响，定性定量地研究缺乏某一种必需元素对植物生长发育的影响，包括植物能否正常完成生活周期，是否表现出专一缺乏症状和生理病症等。应用溶液培养进行无污染蔬菜的工厂化栽培生产、花卉的工厂化生长等已经成为一种新型的农业生产模式。阳台简易蔬菜无土栽培也正在走向城市家庭，既可绿化环境，又能收获到无污染、无公害的蔬菜。家庭无土栽培正在成为一种都市时尚。

氮是决定植物产量和品质的最重要元素。但高等植物不能直接利用空气中的氮气，仅能吸收化合态的氮。植物的氮源主要是无机氮化物铵盐和硝酸盐，它们广泛存在于土壤中。植物从土壤中吸收铵盐（NH_4^+）后，可以直接利用它合成氨基酸，但高度氧化状态的硝酸盐（NO_3^-）则需要被还原为 NH_4^+ 后才能被利用。在植物体内，NO_3^- 在细胞内需要先还原为 NO_2^-，NO_2^- 进一步还原为 NH_4^+。NO_3^- 还原为 NO_2^- 的过程是由细胞质中的硝酸还原酶（nitrate reductase，NR）催化的，它主要存在于高等植物的根和叶子中。NR 是植物氮素代谢作用中的关键性酶，是一种诱导酶（或适应酶），其活性与作物吸收和利用氮肥能力密切相关。植物本来不含某种酶，但在特定外来物质的诱导下可以生产这种酶，即诱导酶。例如，水稻幼苗如果培养在含有 NO_3^- 的溶液中，体内就生成

NR；如果把幼苗转移到不含 NO_2^- 盐的溶液中，NR 又逐渐消失。NR 在进行催化反应时需要消耗 NAD(P)H，因此光照有利于该过程的进行。由于与作物有效吸收和利用氮素肥料有关，因此 NR 活性被当作植物营养或农田施肥的指标，也可作为品种选育的重要指标。在生产中，NR 活性常作为衡量农作物对氮肥利用的重要依据。

植物叶片是高等植物进行硝态氮还原的主要器官，不同植物中 NR 活性差异明显。因此，通过测定植物 NR 的活性对评判植物氮肥利用能力有着重要的意义。

实验 11　植物的溶液培养

实验原理

以沙、锯末、花生壳、蛭石等为介质，代替土壤用以固定植株根系，将植物生长发育所必需的矿质元素按照一定的比例配制成营养液，供应植物矿质营养，这种培养植物的方法称为无土栽培。采用营养液代替土壤进行植物培养，称为溶液培养。溶液培养适合在光照充足、温度适宜但缺乏土壤（如沙漠、海滩、荒岛等）的地方进行，也适用于一些花卉、蔬菜的工厂化生产。

应用溶液培养方法，可人为地控制植物生长所需的营养元素，研究植物生长对矿质元素的需求和矿质元素在植物生长发育过程中的作用。当植物在缺乏某种元素的土壤或溶液中生长时，其生长发育受到影响，表现出专一缺乏症。可通过使用完全培养液和缺素培养液培养植物，观察植物的生长状况。当使用完全培养液培养植物时，植物正常生长；当使用缺氮、缺磷、缺钾等缺素培养液培养植物时，植物生长均不正常，可证明必需营养元素对植物生长的重要性和必要性。

实验材料、器材与试剂

【实验材料】番茄幼苗、玉米幼苗、绿豆幼苗或黄瓜幼苗等。

【实验器材】培养缸、棉花、pH 试纸、烧杯、量筒、天平。

【实验试剂】培养液配制所需要的各种母液按照表 3-1 所列进行配制。

表 3-1 用于配制培养液的各种母液

试剂名称	浓度/($g \cdot L^{-1}$)		试剂名称	浓度/($g \cdot L^{-1}$)
$Ca(NO_3)_2 \cdot 4H_2O$	118.00		NaH_2PO_4	24.000
KNO_3	50.56		$NaH_2PO_4 \cdot 2H_2O$	31.200
KH_2PO_4	27.22	微量元素	H_3BO_3	2.860
$MgSO_4 \cdot 7H_2O$	61.62		$MnSO_4$	1.015
$CaCl_2$	55.5		$ZnSO_4 \cdot 5H_2O$	0.220
K_2SO_4	87.00		$CuSO_4 \cdot 5H_2O$	0.080
$NaNO_3$	42.45		H_2MoO_4	0.090

EDTA-Fe 母液的配制方法为：称取 EDTA 3.75 g，用 200 mL 蒸馏水加热溶解；称取 $FeSO_4 \cdot 7H_2O$ 2.78 g，加入 200 mL 蒸馏水，加热溶解；趁热混合两种溶液，定容至 500 mL。混合后的溶液颜色呈淡绿色较好，于棕色瓶中贮藏。

实验步骤

（1）将玉米种子用蒸馏水浸泡 4~5 h，待种子充分吸胀后，播种于干净的沙土中。当幼苗长到 4~5 cm 高时，选择生长势相同的植株，去除残余的胚乳，将根系清洗干净，用于溶液培养。

（2）按照表 3-1 配制营养液所需要的各种母液。微量元素母液配制注意事项：如要配制 1 000 mL 的微量元素母液，先将每一种化合物用约 50 mL 蒸馏水分别溶解，往烧杯中倒入 200~300 mL 蒸馏水，再依次将各种溶液一边混入，一边搅拌均匀，最后用蒸馏水定容至 1 000 mL。

（3）营养液的配制。按照表 3-2 配制完全溶液、缺氮溶液、缺磷溶液、缺钾溶液。配制溶液时，先往容器中加入 600~700 mL 蒸馏水，再依次加入各种母液，最后用蒸馏水定容至 1 000 mL，用 1 mol/L 的 NaOH

和 HCl 将溶液的 pH 调至 5.5～6.0。

表 3-2　完全溶液和缺素溶液的配制（1 000 mL）

母液	完全溶液/mL	缺氮溶液/mL	缺磷溶液/mL	缺钾溶液/mL
$Ca(NO_3)_2$	10	$CaCl_2$ 10	10	10
KNO_3	10	K_2SO_4 10	10	$NaNO_3$ 10
$MgSO_4 \cdot 7H_2O$	10	10	10	10
KH_2PO_4	10	10	K_2SO_4 10	NaH_2PO_4 10
EDTA-Fe	1	1	1	1
微量元素	1	1	1	1
H_2O	定容至 1 000 mL	定容至 1 000 mL	定容至 1 000 mL	定容至 1 000 mL

（4）把幼苗栽在培养缸上用棉花固定，根部一定要与溶液接触；先将培养缸放在通风散射光下培养 3～4 d，待苗充分适应新环境后，再转移到阳光充足的地方。每天用蒸馏水补足缸内损失的水分，即加蒸馏水至原来的高度，根据植株的生长情况，每隔 7～10 d 更换 1 次培养液。

（5）观察植株生长状况，包括根、茎、叶的长势、叶片颜色变化等，并做好包括形态特征（拍照）、株高、叶片数、叶面积、叶色、植物的鲜重等指标的记录。将所获得的实验数据记录表 3-3 中。

表 3-3　植物在缺氮、磷、钾时的症状表现

观察内容	周次	完全	缺氮	缺磷	缺钾
形态特征	2				
	3				
	4				
株高/cm	2				
	3				
	4				
叶片数/片	2				
	3				
	4				
茎叶鲜重/g	3				
根鲜重/g	3				

实验 12　植物的形态观察

实验原理

植物在生长过程中，需要氮、磷、钾、钙、镁、硫、铁等必需元素，当缺少任何一种必需的矿质元素时，都会引起植物的根、茎、叶出现特有的生理病症。通过对缺素培养的植物营养器官进行病症观察，可以了解植物生长需要哪些元素。

实验材料、器材与试剂

同实验 11。

实验步骤

（1）对照植物缺乏矿质元素的病症检索表（表3-5），比较植物在缺氮、缺磷、缺钾时的生长表现特征，将所观察获得的数据填在表3-3中。

（2）将培养3～4周后，出现明显的缺素症状的植株换到完全培养液中继续培养1～2周，并将观察所获得的数据填入表3-4中。

表3-4　植物缺素症状的恢复

观察内容	周次	完全	缺氮	缺磷	缺钾
形态特征	1				
	2				
株高/cm	1				
	2				
叶片数/片	1				
	2				
茎叶鲜重/g	2				
根鲜重/g	2				

表 3-5　植物缺乏矿质元素的病症检索

```
1. 老叶病症
 1）病症常遍布整株，基部叶片干焦和死亡
   （1）植株浅绿，基部叶片黄色，干燥时呈褐色，茎短而细…………………… 氮
   （2）植株深绿，常呈红或紫色，基部叶片黄色，干燥时暗绿，茎短而细…… 磷
 2）病症常限于局部，基部叶片不干焦，但杂色或缺绿，叶缘杯状卷起或卷皱
   （1）叶杂色或缺绿，有时呈红色，有坏死斑点，茎细………………………… 镁
   （2）叶杂色或缺绿，在叶脉间或叶尖和叶缘有坏死小斑点，茎细…………… 钾
   （3）坏死斑点大而普遍在叶脉间，最后扩展至叶脉，茎短…………………… 锌
2. 嫩叶病症
 1）顶芽死亡，嫩叶变形或坏死
   （1）嫩叶初呈钩状，后从叶尖和叶缘向内死亡………………………………… 钙
   （2）嫩叶基部浅绿，从叶基起枯死，叶稔曲………………………………………… 硼
 2）顶芽仍活，但缺绿或萎蔫，无坏死斑点
   （1）嫩叶萎蔫，无失绿，茎尖弱…………………………………………………… 铜
   （2）嫩叶不萎蔫，有失绿
     （A）坏死斑点小，叶脉绿色……………………………………………………… 锰
     （B）无坏死斑点
       （a）叶脉仍绿………………………………………………………………… 铁
       （b）叶脉失绿………………………………………………………………… 硫
```

实验 13　植物生长特征和幼年期的观察

实验原理

植物生长量能以植物器官的鲜重、干重、长度、面积和直径等表示。生长速率表示生长的快慢，相当于植物的长势，有绝对生长速率和相对生长速率两种。绝对生长速率是指单位时间内的绝对增长量，单位时间的增长量与原有植株量的比值（以百分比表示）称为相对生长速率。通过分析

植物的生长速率可以了解植物不同时期或不同区域采取的农业措施对植物生长的影响。同时，在生长过程中，植物表现为"慢—快—慢"的生长大周期，通过测定比较植物每天的生长速率，可以明显地观察到植物的生长大周期特点，可作为生产上进行施肥、浇水等农业管理的参考依据。

有些植物表现为有限生长，比如玉米开花结实后，植株便不再继续长高；但是黄瓜开花后，还可以持续生长，表现出一定的无限生长特点。对于有限生长的植物，植株叶片数量是相对稳定的，且在遗传性上非常保守。但不同植物品种之间差异较大，比如玉米早熟品种叶片少，晚熟品种叶片多，目前所种植的玉米品种，大多是中、晚熟品种，叶片一般在18片以上。不同的植物品种具有不同的幼年期表现，例如白姜花需要长到14～17片叶子后才能开花，开花后植株不再长高；通过激素调控，黄瓜离体子叶上即可分化花芽。植物的幼年期表现会受到外界环境条件的影响，当环境条件不良时，植物会提前结束幼年期，进入花芽分化状态；环境条件优渥时，植物会推迟幼年期，推迟花芽分化，表现出对环境的高度适应。

实验材料、器材与试剂

【实验材料】玉米、黄瓜等植物种子。
【实验器材】花盆、土壤、直尺等。
【实验试剂】完全溶液（表3-2）。

实验步骤

（1）种子用水浸泡到充分吸胀，播种在湿润的沙盘中，于室温下培养。定期浇水，保持沙土湿润，待玉米幼苗长至10 cm左右，黄瓜苗长到2～3片真叶时，洗净备用。

（2）选取一定量的长势一致的幼苗（至少30株），移栽到土壤中，每3 d测量1次植株高度，从地面第一节位到植株最上的节位之间的高度，记录为植株株高；玉米植株开始抽穗时的株高为从地面第一节位到植株旗叶节位之间的高度。记录植株的叶片数,也将其用于描述植株的幼年期。将实验数据记录在表3-6中。

表3-6 植物生长发育的形态观察

天数/d	玉米			黄瓜		
	株高/cm	生长速率/$(cm \cdot d^{-1})$	叶片数	株高/cm	生长速率/$(cm \cdot d^{-1})$	叶片数
3						
6						
9						
12						
15						
18						
21						
24						
…						

(3) 以表3-6中的生长速率为纵坐标,以时间为横坐标,用Excel软件作植株生长大周期曲线图。

实验14 硝酸还原酶活性的测定

实验原理

植物吸收NO_3^-后,会诱导细胞产生硝酸还原酶(nitrate reductase,NR),NR利用[H]催化NO_3^-还原成NO_2^-,细胞内产生的NO_2^-可从组织渗透到外界溶液中。一定条件下,NO_2^-的生成量与硝酸还原酶活性呈正相关,因此可通过测定溶液中NO_2^-产量的增加来检测NR的活性。

NO_2^-含量可用磺胺(对氨基苯磺酸胺,sulfanil-amide)显色法测定。在酸性条件下,NO_2^-先与磺胺反应生成重氮化合物,重氮化合物再和α-

萘胺反应，生成玫瑰红色化合物，该化合物在波长 520 nm 有最高的吸光值。

$$NO_3^- + NADH + H^+ \xrightarrow{NR} NO_2^- + NAD^+ + H_2O$$

$$NO_2^- + 磺胺 + 2H^+ \longrightarrow 重氮化合物 + H_2O$$

重氮化合物 + α-萘胺 —— 对苯磺酸-偶氮-α-萘胺（红色）

这个反应方法非常灵敏，能测定溶液中浓度为 0.5 μg/mL 级别的 NO_2^-。

实验材料、器材与试剂

【实验材料】植物叶片。

【实验器材】分光光度计、真空泵（或注射器）、保温箱、天平、真空干燥器、钻孔器、100 mL 三角瓶、移液管、烧杯、洗耳球等。

【实验试剂】（1）0.1 mol/L 磷酸缓冲液（pH=7.5）。配制方法见附录一。

（2）0.2 mol/L KNO_3 溶液。称取 2.02 g KNO_3，用蒸馏水溶解，定容至 100 mL。

（3）稀盐酸。将 37% 浓盐酸稀释 10 倍，浓度约 0.5 mol/L，用于溶解 α-萘胺和磺胺。

（4）2 g/L α-萘胺溶液。称取 0.2 g α-萘胺，先用 10～15 mL 稀盐酸加热溶解，再用蒸馏水定容至 100 mL。

（5）10 g/L 磺胺溶液。称取 1 g 磺胺，用稀盐酸溶解并定容至 100 mL。

（6）$NaNO_2$ 标准溶液。0.1 g $NaNO_2$ 用蒸馏水溶解，定量至 100 mL，然后吸取 5 mL，再加蒸馏水定容至 1 000 mL；用此溶液依次稀释成 0 μg/mL、0.5 μg/mL、1.0 μg/mL、2.0 μg/mL、3.0 μg/mL、4.0 μg/mL、5.0 μg/mL 的 $NaNO_2$ 梯度溶液，用于标准曲线的制作。

实验步骤

1. 取样

将新鲜叶片用蒸馏水冲洗干净,用吸水纸吸干水分,然后用 0.5 cm 直径的钻孔器钻取圆片,用蒸馏水洗涤 1 次,用吸水纸吸干水分;在天平上称取等量的叶圆片 2 份,每份 0.5 g(或每份取 50 个叶圆片),分别置于含有下列溶液的三角瓶中:①磷酸缓冲溶液 5 mL + 蒸馏水 5 mL;②磷酸缓冲溶液 5 mL + 0.2 mol/L KNO_3 溶液 5 mL。然后将三角瓶置于真空干燥器中,接上真空泵抽气,直到叶圆片悬浮于溶液中。也可以用 20 mL 注射器代替,将反应液及叶片一起倒入注射器内,用手指堵住注射器出口小孔,然后用力拉注射器使之形成真空,如此抽气放气反复进行多次,即可将叶圆片中的空气抽去,使叶片悬浮于溶液中。将三角瓶置于 30 ℃ 恒温箱中,避光保温作用 30 min,然后分别吸取反应溶液 1 mL,用于测定 NO_2^- 含量。

注意,取样前叶子要进行一段时间的光合作用,以积累碳水化合物和[H]。如果组织中的碳水化合物含量低,酶的活性就会降低,此时可在反应溶液中加入 30 μmol/L 的 3 - 磷酸甘油醛或 1,6 - 二磷酸果糖溶液,能显著增加 NO_2^- 的产生量。

2. 绘制标准曲线

以 $NaNO_2$ 标准溶液作为标准试剂进行标准曲线的绘制。因为测定 NO_2^- 的磺胺比色法很灵敏,可以检出低于 1 μg/mL 的 $NaNO_2$ 含量,所以可配制 0~5 μg/mL 浓度范围的 $NaNO_2$ 溶液来进行标准曲线绘制。

分别配制 0 μg/mL、0.5 μg/mL、1 μg/mL、2 μg/mL、3 μg/mL、4 μg/mL、5 μg/mL 浓度的 $NaNO_2$ 溶液,各吸取 1 mL 于 7 支试管中,于每支试管中先加入磺胺试剂 2 mL,摇匀,反应片刻后再加入 α - 萘胺试剂 2 mL,混合摇匀,静置 30 min(或于一定温度的水浴中保温 30 min),用分光光度计在波长 520 nm 处进行比色测定,读取吸光值(OD),每个浓度设置 3 个重复,将数据记录于表 3 - 7 中。以吸光值为纵坐标,$NaNO_2$

溶液浓度为横坐标，用 Excel 软件绘制吸光值与 $NaNO_2$ 含量关系的曲线公式。

表 3-7 NO_2^- 含量测定标准曲线的制作及样品中 NO_2^- 的测定

$NaNO_2$ 溶液浓度/ ($\mu g \cdot mL^{-1}$)	$NaNO_2$ 含量/μg	OD_1	OD_2	OD_3	OD 平均值
0	0				
0.5	0.5				
1.0	1.0				
2.0	2.0				
3.0	3.0				
4.0	4.0				
5.0	5.0				
标准曲线 $R^2=$					

3. NO_2^- 含量的测定

当样品溶液保温 30 min 结束时，吸取 1 mL 于试管中，先加入磺胺试剂 2 mL，摇匀静置，反应片刻后加入 α-萘胺试剂 2 mL，混合摇匀，静置 30 min，用分光光计在波长 520 nm 处进行比色测定，记录吸光值（OD）。利用吸光值与 $NaNO_2$ 浓度关系的标准曲线得出样品溶液的 NO_2^- 含量。

4. 计算植物的硝酸还原酶活性

$$单位鲜重叶片硝酸还原酶活性 =$$

$$\frac{处理材料\ NaNO_2\ 含量 - 对照植物\ NaNO_2\ 含量}{材料鲜重 \times 催化底物所用的时间} \times \frac{V_T}{V} \times \frac{46}{69} \quad (3-1)$$

式中，处理材料 $NaNO_2$ 含量指利用处理材料 1 mL 反应液所测定的 OD 从标准曲线中查到的 $NaNO_2$ 含量，单位为 μg；对照植物 $NaNO_2$ 含量指利用对照植物 1 mL 反应液所测定的 OD 从标准曲线中查到的 $NaNO_2$ 含量，单位为 μg；材料鲜重，单位为 g，本实验中为 0.5 g；催化底物所用的时间，单位为 h，本实验中为 0.5 h；V_T 指反应体系的总体积，本实验中为

10 mL；V 指反应体系的体积，单位为 mL，本实验中为 10 mL；$\frac{46}{69}$ 指在本实验中，以 $NaNO_2$（分子量为 69）作为标准试剂，需要将 $NaNO_2$ 折算为 NO_2（分子量为 46）。

实验 15　植物磷素的测定

实验原理

在酸性条件下，无机磷可与钼酸作用生成磷钼酸铵，磷钼酸铵被氯化亚锡还原成蓝色的磷钼蓝，蓝色的深浅与磷的含量成正比。磷钼蓝在波长 660 nm 处有最大吸收，通过比色法可测定其磷含量。

$$H_3PO_4 + 12(NH_4)_2MoO_4 + 21HCl \longrightarrow (NH_4)_3PO_4 \cdot 12MoO_3 + 21NH_4Cl + 12H_2O$$
　　　　　　钼酸铵　　　　　　　　　　　　　磷钼酸铵

$$(NH_4)_3PO_4 \cdot 12MoO_3 \xrightarrow{SnCl_2} (MoO_2 \cdot 4MoO_3)_2 \cdot H_3PO_4 \cdot 4H_2O$$
　　　　　　　　　　　　　　　　　　　磷钼蓝

实验材料、器材与试剂

【实验材料】植物材料。

【实验器材】分光光度计、离心机、刻度移液管、研钵、容量瓶、100 mL 三角瓶、1 000 mL 大烧杯、试管、洗耳球等。

【实验试剂】（1）标准磷溶液。准确称取 0.022 g KH_2PO_4，溶于 40 mL 蒸馏水中，加入 0.5 mL 浓硫酸，用蒸馏水定容至 100 mL，摇匀。以此为基础，分别配制 0 μg/mL、5 μg/mL、10 μg/mL、20 μg/mL、30 μg/mL、40 μg/mL、50 μg/mL 标准磷溶液。

（2）钼酸铵 – 硫酸混合溶液。称取 12.5 g 钼酸铵于大烧杯中，加入 100 mL 蒸馏水溶解。将 140 mL 浓硫酸慢慢倒入 200 mL 蒸馏水中，冷却。然后把上述配好的钼酸铵溶液加入此硫酸溶液中并用蒸馏水稀释定容至 500 mL。

(3) 氯化亚锡溶液。称取 0.57 g $SnCl_2$ 于烧杯中,加入 6 mL 浓盐酸并加热,溶解后用蒸馏水稀释至 30 mL;溶液中加入少量的锡粒,以防 $SnCl_2$ 氧化。该溶液为 0.1 mol/L 的 $SnCl_2$ 盐酸溶液,可存放数周。

实验步骤

(1) 绘制标准曲线。分别取浓度为 0 μg/mL、5 μg/mL、10 μg/mL、20 μg/mL、30 μg/mL、40 μg/mL、50 μg/mL 的标准磷溶液 1 mL 于 7 支试管中,分别加入钼酸铵硫酸试剂 3 mL,摇匀,再分别加入 0.1 mL $SnCl_2$ 溶液,混匀,静置 10~15 min。以 0 μg/mL 的磷溶液为参比溶液,在波长 660 nm 处测得各标准溶液的吸光值(OD)。以磷浓度为横坐标,吸光值为纵坐标,用 Excel 软件绘制标准曲线。将实验数据记录于表 3-8 中。

表 3-8 磷含量测定的标准曲线制作记录表

标准磷溶液浓度/(μg·mL^{-1})	OD_1	OD_2	OD_3	OD 平均值
0				
5				
10				
20				
30				
40				
50				
标准曲线 R^2 =				

(2) 取待测植物材料,蒸馏水洗净,吸干表面水分,称取 2 g 置于研钵中,加 5 mL 蒸馏水、少许石英砂研磨。将匀浆移至 25 mL 容量瓶中,将研钵中残渣一并洗入,然后加水至刻度。该混合液 3 000 r/min 离心 15 min,上清液备用,若着色严重,可用活性炭脱色。

(3) 组织中磷含量的测定。吸取组织提取液 3 份,每份 1 mL,分别移入洁净的试管中，分别加入钼酸铵硫酸试剂 3 mL，摇匀，再分别加入 0.1 mL $SnCl_2$ 溶液，混匀，静置 10~15 min。以 0 μg/mL 的磷溶液为参比溶液，在波长 660 nm 处测得各样品溶液的吸光值（OD），然后求平均值。

（4）用标准曲线得出样品测定液中磷含量，根据式（3-2）计算样品的磷含量：

$$样品的磷含量 = \frac{C \times V}{W} \times \frac{31}{136} \qquad (3-2)$$

式中，C 指样品提取液的磷含量，由标准曲线得出，单位为 μg/mL；V 指提取液的体积，单位为 mL，本实验中为 25 mL；W 指样品鲜重，单位为 g，本实验中为 2 g；136 指 KH_2PO_4 的分子量；31 指磷的分子量。

注意事项

酸度不合适会导致反应不显色，对此要多加注意。磷钼蓝的颜色不稳定，会随着时间延长逐渐褪去，因此反应显色时间不可过长。比色皿易着蓝色，实验完毕后应及时用盐酸-乙醇（1∶2）溶液浸泡后再清洗干净。

教学建议

在进行无土栽培和缺素培养实验时，可选择几种植物进行培养，例如玉米、黄瓜和绿豆，比较不同植物在缺素培养时的症状表现是否一致。可将缺素培养后的植物用于进行硝酸还原酶活性、磷含量的测定，研究缺素培养后植物的硝酸还原酶活性是否发生变化，以及植物体内的磷素变化情况。也可选择多种植物进行叶片硝酸还原酶活性的比较，比如野生植物、农业作物、木本植物、草本植物等，分析不同植物硝酸还原酶活力表现。

思考题

（1）植物在缺氮、缺磷、缺钾和缺铁培养中各出现了什么症状表现？

缺乏哪种元素时症状表现最为严重？原因是什么？

（2）植物的硝酸还原酶活性受到哪些因素的影响？可通过什么手段提高植物体内硝酸还原酶活性？

（3）光照或黑暗条件下植物硝酸还原酶活性会发生什么变化？

（4）调查不同植物的幼年期表现。

专题四　植物的光合作用和呼吸作用

高等植物在叶绿体内进行光合作用，叶绿体中的叶绿素（chlorophylls）和类胡萝卜素（carotenoid）是光合作用的重要物质基础。叶绿素包括叶绿素 a（Chla）和叶绿素 b（Chlb），类胡萝卜素包括胡萝卜素（carotene）和叶黄素（xanthophyll），其中少数叶绿素 a 分子在光合作用的光反应中起光能的转化作用，叶绿素 b、胡萝卜素、叶黄素和绝大部分叶绿素 a 起光能的吸收和传递作用。

这 4 种色素分子能够进行光合作用的基础在于它们的特殊结构。叶绿素分子含有 4 个吡咯环，它们和 4 个甲烯基（=CH—）连接成 1 个大环，叫作卟啉环；镁原子以 2 个共价键和 2 个配位键与卟啉环的氮原子结合，居于卟啉环的中央。整个卟啉环分子具有较强的极性，是叶绿素分子中的亲水性结构，可以和极性亲水物质（如蛋白质）结合。卟啉环是一个庞大的共轭系统，吸收光形成激发状态后，由于配对键结构的共振，其中 1 个双键还原或双键结构丢失电子等，都会改变它的能量水平。叶绿素通过电子传递及共振传递的方式，参与光合作用的光反应。叶绿醇是相对分子量高的碳氢化合物，以酯键的方式与卟啉环的第Ⅳ吡咯环侧链上的丙酸相结合，是叶绿素分子的亲脂性结构。在类囊体片层结构上，这条长链的亲脂"尾巴"对将叶绿素分子固定在脂质膜上起着重要的作用。叶绿素分子的头部和尾部分别具有亲水性和亲脂性的特点，这决定了它在类囊体片层中表现出头部与蛋白质等极性组织结合、尾部与类囊体膜脂等非极性物质结合的排列关系。分子中碳氢链占的比例较大，因此，叶绿素分子表现偏向非极性，易溶解于有机溶剂。叶绿素分子副环（同素环Ⅴ）含有的羧基通过酯键和甲醇结合。叶绿素分子上的 2 个酯键使它可以和强碱发生皂化反应，生成能溶于水的钠（Na）盐或钾（K）盐，可用这种方法将叶绿素与类胡萝卜素进行分离。叶绿素 a 分子和叶绿素 b 分子的区别在第二个吡咯环上，叶绿素 a 分子带有 1 个甲基（—CH_3），而叶绿素 b 分子带有 1 个醛基（—CHO），这个微小的区别导致叶绿素 b 分子的极性和分子量都稍大于叶绿素 a 分子。利用这微小的区别，可用层析法将两者进行分离。

类胡萝卜素是不饱和的碳氢化合物结构，它们分子的两头分别具有 1 个对称排列的紫罗兰酮环，中间以共轭双键相连接。胡萝卜素两端紫罗兰酮环上的 H 原子被羟基（—OH）取代，就是叶黄素，因此叶黄素是由胡萝卜素衍生的醇类，其分子量比胡萝卜素大，分子极性比胡萝卜素极性强。但这 2 种分子的极性和分子量都比叶绿素分子的小，可被有机溶剂提取。

根据叶绿素和胡萝卜素的分子结构特点，可采用有机溶剂将它们进行提取并进行含量的测定，通过皂化反应、层析等方法将可对这 4 种色素进行分离。

呼吸作用在植物的生命活动中有 3 个方面的重要生理意义：一是呼吸提供生命活动所需要的能量；二是呼吸作用的中间产物是合成新物质的原料；三是呼吸过程的氧化系统可以迅速氧化病原微生物分泌出来的毒素，使寄主不受危害，提升植物的抗病力。呼吸作用是植物代谢反应的核心，呼吸强度的高低代表了植物代谢反应的活跃程度和水平，反映了植物的生命活动状态。植物的呼吸强度大小与植物产量、植物的生长形态、植物的抗病力、贮藏运输等有关，通过测量比较植物的呼吸强度，可以了解其产量的差异、植物生长形态的异同、抗病能力强弱、扦插育苗的成活率差异，因此呼吸强度是衡量植物生长状况的一个重要生理指标。

植物的光合作用和呼吸作用是植物的 2 个核心反应，与人类生存和农业生产有着极其密切的关系。C_3 植物同时进行光呼吸，使净光合速率降低了 25%～50%，对植物的生长和干物质的积累都有很大的影响；C_4 植物的光呼吸低，产量也相对较高。研究光呼吸代谢过程及其调控有着重要的意义。乙醇酸氧化酶（glycolate oxidase，GO）是植物光呼吸代谢中的关键酶，其活性高低与光呼吸强度呈正相关，因此研究植物中的 GO 的活性对筛选低光呼吸植物品种和调控光呼吸代谢均具有重要意义。

实验 16　植物叶绿体色素的提取、分离和性质鉴定

实验原理

叶绿体含有叶绿体色素，叶绿体色素主要包括叶绿素 a、叶绿素 b、叶黄素和胡萝卜素，可用有机溶剂乙醇、丙酮等将它们提取出来。

纸层析法是分离叶绿体色素最简单的方法。因吸附剂对不同物质的吸附能力不同，当用适当的溶剂推动时，利用混合物中各个成分的物理性质（分子极性、分子量）、化学性质（分子结构）的差别，以及各种成分在两相（固定相和流动相）间的分配系数不同、移动速度不同，将各种色素进行分离。

离体叶绿体色素容易受到光氧化分解，变成褐色；叶绿体色素溶液在透射光下呈绿色，在反射光下呈红色，表现出荧光现象，这是叶绿素分子受光激发后，激发态电子重新回到基态反射出来的光。叶绿素分子卟啉环中的镁原子极易被 H^+ 取代，生成黄褐色的氢代叶绿素，H 又可被 Cu 替代，形成绿色的铜代叶绿素。叶绿素是二羧酸酯，与强碱反应通过皂化反应形成绿色的可溶性叶绿素盐，用萃取方法可将类胡萝卜素与叶绿素分开。

实验材料、器材与试剂

【实验材料】植物叶片。

【实验器材】天平、研钵、烧杯、量筒、滤纸、牙签、棉花、培养皿、剪刀、漏斗、滴管。

【实验试剂】丙酮或 95% 乙醇溶液、四氯化碳（CCl_4）、$CaCO_3$、石英砂、1 mol/L 盐酸、醋酸铜晶体、乙醚、30% KOH – 甲醇溶液（称取 KOH 试剂 30 g，溶解于 100 mL 甲醇溶液，用塑料试剂瓶保存）。

实验步骤

1. 色素的提取

将新鲜健壮的叶片去除大叶脉，称取 5 g，剪碎，放在研钵中，加少许 $CaCO_3$ 和石英砂，加丙酮溶液或 95% 乙醇溶液 5~10 mL，研磨成匀浆，静置过滤，所得滤液即为色素提取液。

2. 叶绿体色素的纸层析法分离

方法 1：用毛细管吸取色素提取液，在滤纸的中央点样，晾干，继续在同一色素点样，重复多次，直到色素样点呈墨绿色。待色素点风干后，用滴管吸取汽油向该色素点上慢慢滴加，使 4 种色素（叶绿素 a、叶绿素 b、叶黄素、胡萝卜素）在滤纸上分离出来。4 种色素在滤纸上的移动速度从快到慢依次为胡萝卜素（橙黄色）、叶黄素（黄色）、叶绿素 a（蓝绿色）和叶绿素 b（黄绿色），在圆形滤纸上从里到外会依次形成叶绿素 b、叶绿素 a、叶黄素和胡萝卜素的 4 个同心圆环，其中，叶绿素 b 环和叶绿素 a 环紧紧相连，叶黄素环和胡萝卜素离环样心较远。有时会观察不到胡萝卜素环，一是因为有些植物体内的胡萝卜素含量太低，二是因为胡萝卜素在空气中容易氧化分解。因此，实验过程中要特别留意。

方法 2：取 1 张预先干燥处理过的滤纸，剪成长约 10 cm，宽约 1 cm 的滤纸条；用毛细管吸取色素提取液，在滤纸条的一端（约距这一端的 1 cm 处）画出 1 条滤液细线，等滤液干燥后，再重复画 4~5 次；将滤纸条的另一端（约距这一端 1 cm 处）剪成"V"字形，并将它挂在放有层析液（CCl_4）的烧杯壁上（注意：色素线要略高于层析液面，且滤纸条下端最好不要碰到烧杯壁），盖上培养皿。几分钟后，观察色素带的分布，最上端为胡萝卜素，其次是叶黄素，再次是叶绿素 a，最后是叶绿素 b。

3. 叶绿体色素的性质鉴定

（1）色素提取液的制备。在步骤 1 的色素匀浆中再加入丙酮 15 mL，稍微研磨，用少许棉花塞住漏斗管，过滤获得色素提取液。

（2）叶绿素的荧光现象。取上述色素提取液于试管中，在反射光和透射光下观察色素提取液的颜色有什么不同。在反射光下观察到的溶液颜色为叶绿素产生的荧光现象。

（3）光对叶绿素的破坏作用。取 2 支试管，分别加入上述色素提取液约 1 mL，1 支试管放在暗处（或用黑纸包裹），另 1 支试管放在强光（太阳光）下，2～3 h 后，观察 2 支试管中溶液的颜色有何不同。

（4）铜代叶绿素。取上述色素提取液约 1 mL 于试管中，逐滴加入 1 mol/L 盐酸，直至溶液出现褐黄色，此时叶绿素分子已遭破坏，镁原子被氢原子取代，形成去镁叶绿素（或者叫作氢代叶绿素）；然后加几粒醋酸铜晶体，慢慢地在酒精灯上稍微加热溶液，溶液又产生亮绿色，此即表明铜已在叶绿素分子中替代了原来氢的位置，形成较为稳定的铜代叶绿素，失去了叶绿素原有的光反应能力。

（5）黄色素和绿色素的分离。将 10 mL 叶绿体色素提取液倒入分液漏斗中，倾斜漏斗，并沿其壁慢慢加入 15 mL 乙醚，轻轻摇动 5 min。静置片刻后，溶液即分为 2 层，色素转入上层乙醚中。用滴管吸取上层绿色层溶液，放入另一试管中，弃去下层的丙酮和水混合液；再用蒸馏水同样冲洗乙醚层 2 或 3 次，将丙酮冲洗干净，色素已全部转入上层乙醚中。然后往色素乙醚溶液中加入 5 mL 30% 的氢氧化钾 - 甲醇溶液，用力摇动片刻，使溶液内部反应充分。静置约 10 min，再加水 5～10 mL，这时可以看到溶液逐渐分为 2 层，下层是绿色的水溶液，其中溶有皂化的叶绿素 a 和叶绿素 b；上层是黄色的汽油或乙醚溶液，溶有黄色的胡萝卜素和叶黄素。将上下层溶液分别放入 2 支试管中，可供观察吸收光谱用。

4. 叶绿体色素吸收光谱曲线的绘制

（1）将叶绿体色素提取液装入 1 cm 直径的比色皿中，另取 95% 乙醇溶液作为空白对照，用分光光度计间隔 10 nm 读取 400～700 nm 的吸光值（OD），把实验结果填于表 4-1 中（注意：测定之前，要将色素溶液用 95% 乙醇溶液进行稀释，直到色素吸光值小于 1）。根据测定结果，以波长为横坐标，以吸光值为纵坐标，用 Excel 软件绘制不同植物叶片的叶绿素的吸收光谱曲线。用同样的方法测定通过皂化作用分离的绿色素与黄色素的吸收光谱曲线，并分析结果。

（2）将步骤 2 的方法 1 或方法 2 中获得的四种层析色素带剪下，分别浸入 95% 乙醇溶液中，直到滤纸颜色褪下，取 95% 乙醇溶液作空白，用分光光度计间隔 10 nm 读取 4 种色素提取液在波长为 400～700 nm 的吸光值（OD）。以吸光值为纵坐标，以波长为横坐标，用 Excel 软件绘制四种色素的吸收光谱曲线。

表 4-1　不同色素的吸收光谱曲线制作记录

波长/nm	OD			波长/nm	OD			波长/nm	OD			波长/nm	OD		
	总	绿	黄		总	绿	黄		总	绿	黄		总	绿	黄
400				480				560				640			
410				490				570				650			
420				500				580				660			
430				510				590				670			
440				520				600				680			
450				530				610				690			
460				540				620				700			
470				550				630							

注：表"总"表示总的提取色素；"绿"表示叶绿素 a 和叶绿素 b；"黄"表示叶黄素和胡萝卜素。

实验 17　叶绿体色素含量的测定

实验原理

根据叶绿体色素提取液对可见光谱的吸收，利用分光光度计在某一特定波长测定其吸光值，即可用公式计算出提取液中各种色素的含量。根据朗伯-比尔（Lambert-Beer）定律，某有色溶液的吸光值 A 与溶液浓度 C 和液层厚度 L 成正比，即

$$A = aCL \tag{4-1}$$

式中，a 为比例常数，当溶液浓度以百分浓度表示，液层厚度 L 为 1 cm 时，a 为该物质的吸光系数。各种有色物质溶液在不同波长下的吸光系数可通过测定已知浓度的纯物质在不同波长下的吸光值而求得。若溶液中有

数种吸光物质，则此混合液在某一波长下的总吸光值等于各组分在相应波长下吸光值的总和，这就是吸光值的加和性。要测定叶绿体色素混合提取液中叶绿素a、叶绿素b和类胡萝卜素的含量，只需要测定该提取液在3个特定波长下的吸光值（OD），再根据叶绿素a、叶绿素b及类胡萝卜素在该波长下的吸光系数，即可求出其浓度。在测定叶绿素a、叶绿素b时，为了排除类胡萝卜素的干扰，所用单色光的波长选择红光区中叶绿素的最大吸收峰对应的波长。

实验材料、器材与试剂

【实验材料】植株叶片。

【实验器材】研钵、漏斗、剪刀、滴管、圆形滤纸、分光光度计、电子天平、棕色容量瓶。

【实验试剂】纯丙酮、石英砂、碳酸钙粉、80%丙酮溶液（取80 mL丙酮，用蒸馏水稀释至100 mL）。

实验步骤

（1）取新鲜植物叶片，擦净，剪碎（去掉中脉），混匀；称取剪碎的新鲜样品0.2 g，加少量石英砂和碳酸钙粉及3 mL纯丙酮，研磨成匀浆，再加80%丙酮溶液3 mL，在暗处静置5～10 min，充分提取色素。

（2）取滤纸1张，置漏斗中，用纯丙酮湿润，沿玻璃棒把提取液倒入漏斗中，过滤到25 mL棕色容量瓶中，用少量丙酮冲洗研钵、研钵棒及残渣数次，滤液同残渣一起倒入漏斗中。

（3）用滴管吸取丙酮，对滤纸和残渣上残存的色素进行洗涤，洗涤液过滤入容量瓶中，直至滤纸和残渣无绿色为止。最后用80%丙酮溶液定容至25 mL，摇匀。

（4）以80%丙酮溶液为空白，分别测定663 nm、645 nm处的吸光值，分别记录为OD_{663}、OD_{645}。根据式（4-2）、式（4-3），计算植物叶片的叶绿素a（Chla）和叶绿素b（Chlb）的浓度（单位：mg/L），然后根据式（4-4）计算出总叶绿素浓度 C（单位：mg/L）。

$$C_{\text{Chla}} = 12.7 OD_{663} - 2.69 OD_{645} \quad (4-2)$$

$$C_{\text{Chlb}} = 22.9 OD_{645} - 4.68 OD_{663} \quad (4-3)$$

$$\text{总叶绿素浓度 } C = C_{\text{Chla}} + C_{\text{Chlb}} \quad (4-4)$$

根据式（4-5）求出植物叶片中叶绿素的含量，将实验结果填于表 4-2。

$$\text{叶绿素含量} = \frac{C \times V \times n}{W \times 1\,000} \quad (4-5)$$

式中，C 指总的叶绿素浓度，单位为 mg/L；V 指色素提取液体积，单位为 mL，本实验中为 25 mL；n 指比色时的稀释倍数；W 指样品鲜重，单位为 g，本实验中为 0.2 g。

表 4-2 不同植物叶绿体色素含量的比较

	植物 1	植物 2	植物 3
OD_{663}			
OD_{645}			
叶绿素 a 浓度/(mg·L^{-1})			
叶绿素 b 浓度/(mg·L^{-1})			
色素含量/(mg·g^{-1})			

实验 18 植物叶片光合速率的测定

实验原理

根据光合作用的总反应式 $CO_2 + 2H_2O \rightarrow (CH_2O) + O_2 + H_2O$，光合强度原则上可以用任意反应物消耗速度或任意生成物的产生速度来表示。由于植物体内水分含量很高，而且植物随时都在不断地吸水和失水，水参与的生化反应又非常多，植物体内的水含量经常变化，因此实际上不可能用水含量的变化来测定光合速率，而是采用 O_2 的释放量或有机物的生成量来进行测定。目前最常用的光合速率测定方法有：改良半叶法、红外线CO_2分析法和氧电极法。

改良半叶法的原理是利用同一叶片的中脉两侧，其内部结构、生理功能基本一致，将叶片一侧遮光或一部分取下置于暗处，另一侧留在光下进行光合作用，过一定时间后，在这叶片两侧的对应部位取同等面积，分别烘干称重，两侧的质量差值即可以判断为光合产物生成量，根据照光部分干重的增量便可计算光合速率。为了防止光合产物从叶中输出，可对双子叶植物的叶柄进行环割，对单子叶植物的叶片基部用开水浸烫，或用三氯乙酸（蛋白质沉淀剂）处理等方法来损伤韧皮部活细胞，而这些处理几乎不影响水和无机盐分向叶片的输送。

实验材料、器材和仪器

【实验材料】植株叶片。

【实验器材】剪刀、分析天平、称量皿（或铝盒）、烘箱、刀片、金属（有机玻璃也可）模板（或打孔器）、纱布、夹子、有盖搪瓷盘、锡纸等。

【实验试剂】三氯乙酸、石蜡。

实验步骤

（1）于晴天上午8—9时，在田间选定有代表性（如在植株上的部位、年龄、受光条件等）的叶片10张，挂牌编号。

（2）对叶子基部进行处理，破坏输导系统的韧皮部。如果是棉花等双子叶植物，可用刀片将叶柄的外皮环割约0.5 cm宽，切断韧皮部运输；如果是小麦、水稻等单子叶植物，由于韧皮部和木质部难以分开处理，可用刚在热水中浸过的纱布或棉花包裹的夹子将叶片基部烫伤一小段（一般用90 ℃以上的沸腾过的热水烫20 s）以伤害韧皮部，也可用110～120 ℃的石蜡烫伤韧皮部。为了使烫后或环割等处理的叶片不致下垂影响叶片的自然生长角度，可用锡纸、橡皮管或塑料管包绕处理部位，使叶片保持原来的着生角度。

（3）剪取样品。叶片基部处理完毕后，即可剪取样品，记录时间，开始光合速率测定。一般按编号次序分别剪下叶片对称的一半（中脉不剪下），并按编号顺序将叶片夹于湿润的纱布中，将叶置于暗处。4～5 h（光照好、叶片大的样品，可缩短处理时间）后，再依次剪下另一半叶，同样按编号夹于湿润纱布中。2次剪叶的次序与所花时间应尽量保持一致，使各叶片经历相同的光照时数。

（4）称重比较。将各同号叶片的两边按对应部位叠在一起，在无粗叶脉处放上已知面积（如棉花叶片，可用 1.5 cm×2.0 cm）的金属模板（或用打孔器），用刀片沿边切下2个叶块，置于2个分别标记为照光及暗中的称量皿中，80～90 ℃下烘至恒重（约 5 h），记录为 $W_黑$ 和 $W_光$，计算叶片干重增量 $W = W_光 - W_黑$。将数据填入表4-3中。

表4-3 用改良半叶法测定植物光合强度的记录表

编号	$W_黑$/g	$W_光$/g	W/g
1			
2			
3			
平均值			

（5）根据式（4-6）计算叶片光合强度（以二氧化碳同化量表示）。

$$光合强度 = \frac{W}{S \times t} \times 1.5 \quad (4-6)$$

式中，W 指叶片光照后干重增量，单位为 mg；S 指叶片面积，单位为 dm^2；t 指光照时间，单位为 h；1.5 指由于叶内贮存的光合产物一般为蔗糖和淀粉等，故将干物质质量乘系数1.5得到二氧化碳同化量。

实验19 小篮子法测定植物的呼吸速率

实验原理

由于 $Ba(OH)_2$ 与 CO_2 之间，$Ba(OH)_2$ 与 $H_2C_2O_4$（草酸）之间进行等

摩尔反应，因此 $H_2C_2O_4$ 与 CO_2 之间也是等摩尔发生变化的，具体为

$$Ba(OH)_2 + CO_2 \rightarrow BaCO_3 \downarrow + H_2O$$
$$Ba(OH)_2(剩余) + H_2C_2O_4 \rightarrow BaC_2O_4 \downarrow + 2H_2O$$

在一密封的容器里，加入 $Ba(OH)_2$ 溶液，吸收 CO_2，一段时间（30~60 min）后用 $H_2C_2O_4$ 进行滴定，记录所耗 $H_2C_2O_4$ 的量，记作 V_0；将待测材料装入同样体积的密封容器，加入同样体积的 $Ba(OH)_2$ 溶液，一段时间（30~60 min）后用 $H_2C_2O_4$ 进行滴定，记录所耗 $H_2C_2O_4$ 的量，记作 V_1。$V_0 - V_1$ 即为植物材料呼吸所产生的 CO_2 消耗 $H_2C_2O_4$ 的量，从而计算出所测材料的呼吸速率。其装置示意如图 4-1 所示。

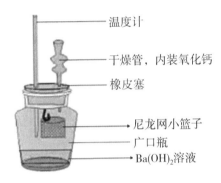

图 4-1　小篮子法测定植物组织呼吸速率装置

实验材料、器材与试剂

【实验材料】各种植株材料，如花、果实、发芽的种子等。

【实验器材】广口瓶、橡皮塞子、恒温箱、镊子、尼龙网做成的小篮子、酸滴定管、漏斗、移液管或移液器。

【实验试剂】（1）0.05 mol/L $Ba(OH)_2$ 溶液。将蒸馏水煮沸冷却，除去 CO_2；称取 15.76 g 纯 $Ba(OH)_2 \cdot 8H_2O$ 溶于除去 CO_2 的蒸馏水中，定容至 1 000 mL（注意密封，防止吸收空气中的 CO_2 产生沉淀）。

（2）1/44 mol/L 草酸溶液。称取重结晶草酸 2.87 g 溶于蒸馏水中，定容至 1 000 mL。

（3）1% 酚酞溶液。称取 1 g 酚酞溶于 100 mL 95% 乙醇溶液中。

实验步骤

（1）取 2 个干净的 300 mL 广口瓶，瓶口用打有二孔的橡皮塞塞紧。一孔插盛有碱石灰（氧化钙）的干燥管，吸收空气中的 CO_2；另一孔供滴定用，先用贴纸密封，滴定时再揭开。瓶塞下面挂 1 个尼龙网缝制的小篮子，用于装实验材料。具体如图 4-1 所示。

（2）实验开始前，打开广口瓶瓶塞，顺瓶口方向摇瓶子多次，使瓶内空气与室内空气一致。在小篮子内装入待测的材料 5 g，装入量以不影响气体流通为宜，装好后把小篮子挂在橡皮塞子的钩子上。

（3）迅速往广口瓶中加入 20 mL 0.05 mol/L $Ba(OH)_2$ 溶液，用挂有待测材料的橡皮塞子迅速塞紧瓶口，开始计时。对照广口瓶中同样加入 20 mL 0.05 mol/L $Ba(OH)_2$ 溶液，小篮子中不放实验材料，作空白实验用。

（4）将装置放入 30 ℃ 的恒温箱内，不时摇动广口瓶，破坏溶液表面形成的白色膜，使反应充分进行（不能用力太猛，以免小篮子掉下或碱液沾到小篮子上）。30 min 后，将广口瓶取出，迅速取出小篮子并塞紧瓶口。

（5）在进行滴定之前，揭开滴定孔上的密封纸，迅速加入 1% 酚酞溶液 1~2 滴，并插入酸式滴定管，用 0.05 mol/L 草酸进行滴定，直到红色消失。分别记下滴定时 2 个广口瓶用去的草酸量，根据式（4-7）计算测定材料的呼吸强度，将实验数据填入表 4-4。

$$呼吸强度 = \frac{(V_0 - V_1)/1\,000 \cdot 1/44\,\text{mol/L} \cdot 44\,000\,\text{mg/mol}}{m \cdot t} \quad (4-7)$$

式中，V_0 指空白瓶内（对照）所消耗的草酸量，单位为 mL；V_1 指材料瓶内所消耗的草酸量，单位为 mL；m 指植物组织质量，单位为 g；t 指时间，单位为 h。

1 mL 1/44 mol/L $H_2C_2O_4$ 相当于 1 mg CO_2，该数字可以从反应式推算出来。作用于 1 mol 的 $Ba(OH)_2$ 要用去 1 mol 的 CO_2，作用于 1 mol 的 $Ba(OH)_2$ 要用去 1 mol 的 $H_2C_2O_4$。材料瓶与空白瓶相比，增加了材料呼吸作用产生的 CO_2，相应地材料瓶剩余的 $Ba(OH)_2$ 量要少于空白瓶

Ba(OH)$_2$ 的量，那么材料瓶草酸滴定量少于空白瓶草酸滴定量，Ba(OH)$_2$ 相当于被呼吸作用产生的 CO$_2$ 所消耗后的剩余 Ba(OH)$_2$，由于 Ba(OH)$_2$、H$_2$C$_2$O$_4$ 和 CO$_2$ 之间的消耗摩尔数比为 1∶1∶1，因此空白瓶草酸滴定量减去材料瓶草酸滴定量的差值即为材料呼吸作用产生的 CO$_2$ 消耗的量。

表 4-4　小篮子法测定植物的呼吸速率

	V_0/mL	V_1/mL	呼吸强度/(mg·g^{-1}·h^{-1})
重复 1			
重复 2			
重复 3			
平均			

实验 20　乙醇酸氧化酶活性的测定

实验原理

乙醇酸氧化酶（glycolate oxidase，GO）是以黄素单核苷酸（flavin mononucleotide，FMN）为辅基的氧化酶，它能催化乙醇酸转化为乙醛酸，在整个反应过程中起着关键的作用，决定了光呼吸途径的进行效率，是植物光呼吸中的一个重要的酶，其活性是筛选低光呼吸植物品种的重要指标。其测定原理为：乙醇酸氧化酶催化乙醇酸氧化成乙醛酸，生成的乙醛酸和苯肼反应生成乙醛酸苯腙，苯腙在波长 324 nm 处有最大的吸光值，可用紫外分光光度计测定吸光值的变化，计算出苯腙的生成量。

$$\begin{array}{c} \text{CH}_2\text{OH} \\ | \\ \text{COOH} \end{array} + \text{O}_2 \xrightarrow{\text{乙醇酸氧化酶}} \begin{array}{c} \text{CHO} \\ | \\ \text{COOH} \end{array} + \text{H}_2\text{O}$$

乙醇酸　　　　　　　　　　乙醛酸

乙醛酸 + 苯肼 → 乙醛酸苯腙

实验材料、器材与试剂

【实验材料】各种植物叶片，如玉米叶片、小麦叶片。

【实验器材】紫外分光光度计、低温离心机、研钵、移液管、烧杯、脱脂棉、天平、试管架、漏斗、试管等。

【实验试剂】（1）硫酸铵粉末。

（2）50 mmol/L 盐酸苯肼溶液。称取 7.23 g 盐酸苯肼，用蒸馏水溶解至 1 000 mL，用 1 mmol/L NaOH 溶液调节 pH 至 6.0。

（3）100 mmol/L（pH=7.5）磷酸缓冲液。配制方法参考附录一。

（4）50 mmol/L 乙醇酸钠溶液。称取 4.9 g 乙醇酸钠，用蒸馏水溶解，定容至 1 000 mL。

（5）酶提取液：内含有 40 mmol/L 的 Tris-HCl 缓冲液（pH=7.6）、10 mmol/L $MgCl_2$ 溶液、0.25 mmol/L EDTA 溶液和 5 mmol/L 谷胱甘肽溶液。

（6）Tris-HCl 缓冲液（pH=7.6）。配制方法参考附录一。

实验步骤

（1）将玉米、小麦种子进行发芽，待苗长到 15～20 cm 高时，用于实验。

（2）称取新鲜的植物叶片 10 g 于预先冰冻的研钵中，加入 30 mL 预冷的酶提取液，0～5 ℃下研磨匀浆，10 000 r/min 低温离心 15 min，获得上清液，体积记录为 V_0 mL。

按照 100 mL 溶液加入 11.4 g 的比例加入硫酸铵粉末于上清液中（例如，上清液的量为 25 mL，那么加入的固体硫酸铵粉末为 2.85 g），使上清液的硫酸铵浓度达到 20% 饱和度（见附录四），上清液体积记录为 V_1，硫酸铵质量记录为 G_1，边加边搅拌，待硫酸铵完全溶解后，于低温（4 ℃）离心机中以 2000 r/min 离心 20 min，获得上清液，弃沉淀。

按照 100 mL 溶液加入 17.6 g 的比例加入硫酸铵粉末于上清液中（例

如，如果上清液为 25 mL 上清液，那么再加入的硫酸铵为 4.4 g），使溶液的硫酸铵浓度达到 30% 饱和度，上清液体积记录为 V_2，硫酸铵质量记录为 G_2，边加边搅拌直到溶解，于 4 ℃ 下以 2 000 r/min 离心 20 min，弃上清液，沉淀即为粗酶制品。

将沉淀用 100 mmol/L（pH = 7.5）磷酸缓冲液溶解，使其体积为初始提取液体积 V_0 的 1/10，即得粗酶提取液，备用。将实验数据填于表 4 - 5 中。

表 4 - 5 粗酶提取液的制备记录

	玉米提取液/mL	硫酸铵/g	小麦提取液/mL	硫酸铵/g
10 g 植物 + 30 mL 提取液，研磨离心	$V_0 =$	—	$V_0 =$	—
上清液 + 20% 硫酸铵	$V_1 =$	$G_1 =$	$V_1 =$	$G_1 =$
上清液 + 30% 硫酸铵	$V_2 =$	$G_2 =$	$V_2 =$	$G_2 =$
粗酶制品体积/mL	玉米体积 $0.1V_0 =$		小麦体积 $0.1V_0 =$	

（3）酶促反应。取 1 支试管，加入 0.6 mL 盐酸苯肼溶液、5 mL 磷酸缓冲液、0.2 mL 粗酶提取液，摇匀，在紫外分光光度计上波长 324 nm 处测定吸光值，作空白调零用。吸取 50 mmol/L 乙醇酸钠溶液 0.2 mL，加入含有 0.6 mL 盐酸苯肼溶液、5 mL 磷酸缓冲液、0.2 mL 粗酶提取液的溶液中，立即计时，并迅速倒入比色皿中，于波长 324 nm 处每 30 s 测定 1 次吸光值，测定 3～4 min。以反应"线性段"时间内每分钟吸光值的变化值计算酶活力，将实验数据填入表 4 - 6 中。

反应"线性段"时间的确定。以吸光值为纵坐标、时间为横坐标，制作反应曲线。例如，在图 4 - 2 中，在反应 4～5 min 和 14 min 后，反应体系的吸光值变化较小，反应进行到 5～13 min 时吸光值与时间表现为较好的线性关系，酶的催化活性和状态最好，取这段时间反应体系的吸光值用于材料酶活性的计算。因此，可将 5～13 min 的时间段定为"线性段"反应时间。若酶活性过高、催化反应过快，则需要开启秒表计时。

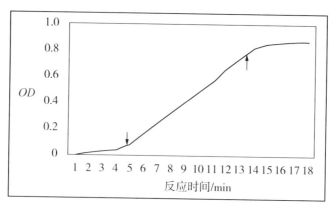

图 4-2 酶活性测定时间与吸光值的关系模式

表 4-6 乙醇酸氧化酶酶促反应时间和吸光值记录

时间/s	玉米 OD	小麦 OD	时间/s	玉米 OD	小麦 OD
0			120		
30			150		
60			180		
90			210		
玉米乙醇酸氧化酶酶活力:					
小麦乙醇酸氧化酶酶活力:					

（4）酶活性计算。以每分钟每克材料吸光值（OD）变化 0.01 为 1 个 GO 活性单位（U），将实验数据填入表 4-6 中。

$$\text{GO 活性} = \frac{\Delta OD \times n}{0.01 \times m \times t} \tag{4-8}$$

式中，ΔOD 指"线性段"反应时间吸光值的变化值；n 指稀释倍数，根据 $0.1 V_0 \div 0.2$ mL 计算，例如，若 $V_0 = 30$ mL，则稀释倍数为 15；t 指"线性段"反应时间，单位为 min。m 指材料的鲜重，单位为 g，本实验中为 10 g。

教学建议

建议取专题三实验 11 中通过完全溶液、缺氮、缺磷、缺钾溶液培养获得的植株叶片作为实验材料，用于植物的叶绿体色素的研究、呼吸作用和光合作用代谢能力变化的实验；采用小组合作的形式开展叶绿体色素的提取、分离、性质鉴定、含量，以及呼吸速率和乙醇酸酶活性变化的实验。实验结束后，将各个小组的实验数据进行汇总，分析不同缺素状态培养后植物的各种指标的变化。

思考题

（1）纸层析法进行叶绿素 a、叶绿素 b、叶黄素和胡萝卜素分离的原理是什么？4 种色素在滤纸上的分离速度不一样，与哪些因素有关？

（2）什么是叶绿素的荧光现象？铜代叶绿素有荧光现象吗？为什么？

（3）哪些因素会影响植物呼吸速率的测定？在实验过程中存在着哪些误差？怎么减少实验过程中的误差？

（4）请你预测小麦和玉米的乙醇酸氧化酶的活性大小。预测依据是什么？

专题五　果蔬品质分析

果实含有蛋白质、碳水化合物、维生素C、矿质元素等人体必需的营养成分，果实的甜度、酸度等使果实具有独特的风味。糖使果实具有甜味，提供人体所需要的能量来源。维生素C又称为抗坏血酸，广泛存在于新鲜水果中，是一种人体必需的水溶性维生素，也是一种天然抗氧化剂，是维持机体正常生理功能的重要维生素之一，具有多种重要的生理功能，广泛参与机体氧化、还原等复杂代谢过程。维生素C在人体内不能合成，主要从膳食中获取。在日常生活中，适当地摄入含维生素C含量较高的水果和蔬菜，对保证正常的身体健康非常重要。因此，糖含量和维生素C含量常常作为评价果实质量的重要参数，对鉴定水果的品质和营养具有重要作用。

有机酸广泛地存在于植物中，不同植物中有机酸的种类和数量不同，有机酸在植物体内存在的状况也随植物的部位不同而不同。有机酸在新陈代谢中占有重要地位，在呼吸作用中，它是碳水化合物代谢的中间产物，又是三大物质代谢的重要连接者。有机酸是决定水果味感的重要成分，水果中相当部分的干物质是有机酸，它往往比许多其他物质更多地决定水果的特殊味道，并在食品营养学中占有重要位置。水果中的有机酸可软化血管，促进钙、铁等元素的吸收，能刺激消化腺的分泌活动，有增进食欲、帮助消化吸收及止渴解暑的功能，是果品成熟度、储藏性及加工性的重要依据，其种类和含量与果品品质有密切关系。研究水果中有机酸的组成和含量，在果品品质鉴定中占有重要地位。

纤维素是植物细胞壁的主要成分之一，纤维素含量的多少，关系到植物细胞机械组织发达与否，会影响作物的抗倒伏、抗病虫害能力的强弱。膳食纤维是继蛋白质、糖类、纤维素、矿物质和水之后的第七大营养素，它是平衡膳食结构的必需营养素之一，测定粮食、蔬菜及纤维作物产品中纤维素的含量是鉴定其品质好坏的重要指标。

果胶广泛存在于水果和蔬菜中，如新鲜苹果中含量为0.7%～1.5%，在蔬菜中以南瓜含量最多，达7%～17%。果实中各种形态果胶物质含量与其成熟度有关，并影响植物组织的强度和密度。在未成熟的果实中，果胶物质大多以原果胶的形式存在，与纤维素、半纤维素结合构成相邻细胞中间层黏结物，使组织细胞紧紧黏结在一起，此时的果实比较坚硬。在果实逐渐衰老（成熟）过程中，原果胶在酶的作用下水解为可溶性果胶，与纤维素、半纤维素分离，使细胞相互分离，导致组织变软。果实中的果胶常用于反映果实的硬度、成熟度等指标。在食品工业中常利用果胶制作果酱、果冻和糖果，在汁液类食品中作增稠剂、乳化剂等。

此外，果实中的蛋白质含量也是衡量果蔬品质的重要标准。

实验 21　植物组织维生素 C 含量的测定

实验原理

维生素 C 是一种还原剂，能将染料 2,6-二氯酚靛酚还原。氧化态的 2,6-二氯酚靛酚在碱性介质中为深蓝色，在酸性介质中呈浅红色，被还原后的 2,6-二氯酚靛酚为无色。用蓝色的 2,6-二氯酚靛滴定样品中的维生素 C 时，利用反应物质本身的这种颜色变化特征可以判断滴定反应终点，以被滴定溶液在一定时间范围内显现的粉红色不褪色为准。维生素 C 在空气中极易被氧化，尤其是在碱性条件下被氧化得更快，但在酸性介质中，它受空气氧化的速度稍慢，而且酸性环境还能抑制植物体内维生素 C 氧化酶活性，减少维生素 C 被破坏的程度。因此，在实验中，可用弱酸性的草酸来进行维生素 C 提取与溶解，根据滴定时消耗的染料数量计算样品中的维生素 C 含量。

实验材料、器材与试剂

【实验材料】从市场购买不同品种的水果，如葡萄、柑橘、青枣、苹果等。

【实验器材】研钵或者匀浆机、100 mL 锥形瓶、50 mL 或 100 mL 容量瓶、移液管、量筒、半微量酸式滴定管、漏斗、滤纸、电子天平、离心机等。

【实验试剂】（1）20 g/L 草酸溶液。称取草酸 20 g，溶于 1 000 mL 蒸馏水。

（2）10 g/L 草酸溶液。量取 20 g/L 草酸溶液 50 mL，用蒸馏水定容至 100 mL。

（3）0.1 mg/mL 标准维生素 C 溶液。准确称取 50 mg 抗坏血酸（分析纯），用 20 g/L 草酸溶液溶解至 500 mL，置于棕色瓶，冷藏，最好临用时配制。

（4）0.1 mg/mL 2，6 - 二氯酚靛酚溶液。称取 50 mg 2，6 - 二氯酚靛酚溶解于 300 mL 加热蒸馏水（40～50 ℃）中，冷却后加蒸馏水稀释，定容至 500 mL。滤去不溶物，贮在棕色瓶内，冷藏保存（大约可保存 7 d，每次临用时，以标准抗坏血酸溶液标定）。

实验步骤

（1）样品提取。用水洗净新鲜果蔬，用纱布或吸水纸吸干表面水分，然后称取果肉或组织材料 10 g，加入 20 g/L 草酸 20 mL，置于匀浆机中打成浆状或用研钵研磨呈匀浆。倒入 100 mL 容量瓶中，以 20 g/L 草酸溶液定容至刻度，静置 10 min，过滤，收集滤液备用。

（2）空白液对照滴定。取 10 g/L 草酸溶液 10 mL，用 2，6 - 二氯酚靛酚溶液进行滴定，重复 3 次，所消耗的 2，6 - 二氯酚靛酚溶液体积记录为 V_0。

（3）2，6 - 二氯酚靛酚液标定：准确吸取 0.1 mg/mL 标准维生素 C 溶液 1.0 mL（含 0.1 mg 抗坏血酸）置 100 mL 锥形瓶中，加 10 g/L 草酸溶液 9 mL；将 0.1 mg/mL 的 2，6 - 二氯酚靛酚溶液灌入半微量滴定管，滴定维生素 C 溶液至淡红色，颜色保持 15 s 不变即为终点。将所消耗的染料体积记录为 V_1。根据所消耗 2，6 - 二氯酚靛酚溶液的体积（$V_1 - V_0$）

计算出1 mL 2,6-二氯酚靛酚溶液所消耗的维生素C（单位：mg），记录为 T，实验重复3次。将所得的实验数据填入表5-1中。

表5-1　1 mL 2,6-二氯酚靛酚消耗维生素C的质量

滴定	消耗的2,6-二氯靛酚溶液体积 (V_1-V_0)/mL	消耗的维生素C质量 $[T=0.1/(V_1-V_0)]/(\text{mg}\cdot\text{mL}^{-1})$
重复1		
重复2		
重复3		
平均值		

（4）样品维生素C提取液的滴定。准确吸取水果提取滤液10 mL装入100 mL锥形瓶内，用2,6-二氯酚靛酚进行滴定，重复3次，所用2,6-二氯酚靛酚溶液体积记录为 V_2，水果提取液所消耗的染料体积为 V_2-V_0。将实验数据填入表5-2。

表5-2　水果维生素C提取液的滴定及维生素C含量的计算

水果	重复	样品消耗的2,6-二氯酚靛酚溶液体积 $(V=V_2-V_0)$/mL	100 g样品中维生素C的含量/mg
水果1	1		
	2		
	3		
	平均值		
水果2	1		
	2		
	3		
	平均值		
水果3	1		
	2		
	3		
	平均值		

注意事项：滴定操作宜迅速，一般不超过 2 min。滴定所用的染料不应少于 1 mL 或多于 4 mL，当样品含抗坏血酸太高或太低时，可酌量增减样品体积。

（5）每 100 g 样品鲜重中维生素 C 含量（单位：mg）的计算公式为

$$100 \text{ g 鲜重果实中抗坏血酸含量} = \frac{V \times T}{w} \times 100 \qquad (5-1)$$

式中，V 指滴定样品时所用去 2,6-二氯酚靛酚溶液体积，即 $V_2 - V_0$，单位为 mL；T 指 0.1 mg/$(V_1 - V_0)$，1 mL 2,6-二氯酚靛酚消耗抗坏血酸，单位为 mg/mL；W 指滴定样液所对应样品的质量（单位：g），等于所取材料质量（单位：g）×所取滴定液体积/提取液总体积，本实验中所取材料为10 g，提取液总体积为 100 mL，所取滴定液体积为 10 mL，因此在这里 $w = 1$ g；100 指 100 g 鲜重果实。

实验 22　可溶性总糖含量的测定（蒽酮比色法）

实验原理

糖与硫酸生成糠醛，糠醛进一步和蒽酮作用形成蓝绿色的缩合物，缩合物颜色的深浅与糖含量的高低成正比，在波长 625 nm 下有最大的吸光值。

$$糖 + H_2SO_4 \rightarrow 糠醛$$
$$糠醛 + 蒽酮 \rightarrow 蓝绿色的缩合物$$

实验材料、器材与试剂

【实验材料】各种水果或其他植物材料。

【实验器材】分光光度计、天平、恒温水浴锅、研钵、三角烧瓶、烧杯、容量瓶、试管、移液管、漏斗。

【实验试剂】（1）0.2 mg/mL 标准葡萄糖母液。在电子天平上称取 100 mg 无水葡萄糖（分析纯），溶于蒸馏水中，定容至 500 mL；将

0.2 mg/mL 标准葡萄糖母液分别稀释为 0 μg/mL（蒸馏水）、10 μg/mL、20 μg/mL、30 μg/mL、40 μg/mL、50 μg/mL、60 μg/mL、70 μg/mL 的梯度溶液，用于标准曲线的制作。

（2）1 mg/mL 蒽酮试剂。称取 0.1 g 蒽酮结晶粉末，溶解于 100 mL 稀硫酸溶液中［稀硫酸溶液由 76 mL 浓硫酸（比重为 1.84）稀释成 100 mL 而成，现配现用］。

（3）80% 乙醇溶液。取 80 mL 无水乙醇，用蒸馏水定容到 100 mL。

（4）活性炭。

实验步骤

（1）标准曲线的制作。取 8 支试管，编号为 1～8，依次向每支管中加入 0 μg/mL、10 μg/mL、20 μg/mL、30 μg/mL、40 μg/mL、50 μg/mL、60 μg/mL、70 μg/mL 梯度浓度葡萄糖溶液 1 mL，再加蒽酮试剂 5 mL，震荡，使之完全混合。在沸水浴中煮沸 10 min，取出冷却，然后在波长 625 nm 下比色，测定各反应溶液的吸光值（OD）。每个浓度重复 3 次，以吸光值为纵坐标，糖溶液浓度为横坐标，用 Excel 软件绘出标准曲线。实验数据记录入表 5-3 中。

表 5-3 糖含量测定的标准曲线的制作

试管编号	标准葡萄糖溶液浓度/(μg·mL^{-1})	OD_1	OD_2	OD_3	OD 平均值
1	0				
2	10				
3	20				
4	30				
5	40				
6	50				
7	60				
8	70				
标准曲线 R^2 =					

（2）样品中可溶性糖的提取。称取 1.0～1.5 g 的新鲜水果，研磨成匀浆，倒入三角瓶中，用 10 mL 左右乙醇溶液洗涤研钵，收集溶液于三角瓶中，70～80 ℃水浴 40 min，其间不断搅拌。3 000 r/min 离心 10 min，收集上清液，将残渣再用 10 mL 左右 80%乙醇溶液搅匀，在 70～80 ℃水浴 40 min，再离心，获得上清液。将 2 次收集的上清液合并，然后用 80%乙醇溶液定容至 50 mL。加入 10 mg 左右的活性炭，70～80 ℃水浴脱色 30 min，过滤，收集滤液用于测定。

（3）样品比色测定。取 1 mL 糖样品提取液，加入 5 mL 蒽酮试剂，混匀后立即置于沸水浴 10 min。取出冷却，用分光光度计测定波长 625 nm 处的吸光值。根据吸光值从标准曲线上查出相应的糖含量，按式（5-2）计算出样品的可溶性糖含量（单位：mg/g），将实验数据记入表 5-4。如果糖浓度太高，吸光值超过 1，将样品进行稀释后再进行反应和比色，记录稀释倍数 n。

$$可溶性糖含量 = \frac{C \times V \times n}{W \times 10^3} \quad (5-2)$$

式中，C 指从标准曲线查得样品提取液糖浓度，单位为 μg/mL；V 指为样品稀释后的体积，单位为 mL，本实验中为 50 mL；n 指为反应时对样品提取液的稀释倍数，如果不稀释，$n=1$；W 指为植物组织鲜重，单位为 g。

表 5-4　不同水果中可溶性糖含量测定

水果	重复	OD	样品提取液糖浓度/(μg·mL^{-1})	样品可溶性糖含量/(mg·g^{-1})
水果 1	1			
	2			
	3			
	平均值			
水果 2	1			
	2			
	3			
	平均值			

续表

水果	重复	OD	样品提取液糖浓度/($\mu g \cdot mL^{-1}$)	样品可溶性糖含量/($mg \cdot g^{-1}$)
水果3	1			
	2			
	3			
	平均值			

实验23 可溶性蛋白质含量的测定

实验原理

考马斯亮蓝（Coomassie brilliant blue）是一种广泛使用的染料，它与蛋白质结合后，生成蛋白质-色素结合物。常用的考马斯亮蓝有2种。一种是考马斯亮蓝R_{250}，R表示Red，偏红色，属于慢染，染色灵敏度高，主要用于蛋白质凝胶电泳时的染色，尤其适用于SDS聚丙烯酰胺凝胶电泳微量蛋白质的染色。在染色蛋白质的同时凝胶也被染色，因此，染色后还需要用醋酸进行脱色，常用于蛋白质的定性分析。另一种是考马斯亮蓝G_{250}，G表示Green，偏绿色，属于快染，能选择地染色蛋白质而不与其他介质作用，常用于需要重复性好和稳定高的染色。考马斯亮蓝G_{250}游离状态下呈红色，在波长465 nm处有最大吸光值，在稀酸溶液中能与蛋白质结合变为蓝色，反应十分迅速，2 min左右即可完成显色反应，反应物可以稳定1 h以上，在波长595 nm处有最大吸光值。反应物颜色的深浅与溶液中蛋白质含量成正比，可利用这一特性进行蛋白质的定量测定。该方法具有操作简便迅速、重复性好和灵敏度高的特点，测定范围在0.2～20.0 μg蛋白质，是常用的测定蛋白质含量的方法之一。

实验材料、器材与试剂

【实验材料】各种水果。

【实验器材】电子天平、分光光度计、离心机、研钵、刻度试管及试管架、移液管、10 mL 容量瓶。

【实验试剂】（1）0.1 mg/mL 考马斯亮蓝 G_{250} 溶液。称取考马斯亮蓝 G_{250} 100 mg，用 50 mL 95% 乙醇溶液溶解。加入 100 mL 85% 浓磷酸溶液，并加入蒸馏水稀释，定容至 1 000 mL，储于棕色瓶中。

（2）0.1 mg/mL 标准蛋白溶液。称取 10 mg 牛血清蛋白，用 0.9% 的氯化钠溶液（生理盐水）溶解，定容至 100 mL。

实验步骤

（1）标准曲线的制作。取 7 支试管，编号为 1～7，按顺序分别加入 0.1 mg/mL 标准蛋白溶液 0 mL、0.1 mL、0.2 mL、0.3 mL、0.4 mL、0.5 mL、0.6 mL，再按顺序加入 1.0 mL、0.9 mL、0.8 mL、0.7 mL、0.6 mL、0.5 mL、0.4 mL 蒸馏水，混匀；此时每支试管中的标准蛋白浓度分别为 0 μg/mL、10 μg/mL、20 μg/mL、30 μg/mL、40 μg/mL、50 μg/mL、60 μg/mL。再向每支试管中加入 5 mL 0.1 mg/mL 考马斯亮蓝 G_{250} 溶液，混匀。放置 5～10 min 后，测定波长为 595 nm 处的吸光值。以吸光值为纵坐标，标准蛋白质浓度为横坐标，用 Excel 软件绘制标准曲线。将实验数据记入表 5-5 中。

表 5-5 蛋白质含量测定的标准曲线绘制

编号	标准蛋白溶液浓度/(μg·mL^{-1})	OD_1	OD_2	OD_3	OD 平均值
1	0				
2	10				
3	20				

续表

编号	标准蛋白溶液浓度/($\mu g \cdot mL^{-1}$)	OD_1	OD_2	OD_3	OD 平均值
4	30				
5	40				
6	50				
7	60				
标准曲 R^2 =					

（2）蛋白质提取。称取果肉样品 2 g 放入研钵中，加 2 mL 蒸馏水研磨成匀浆，用蒸馏水分次洗涤，定容至 10 mL；4 000 r/min 离心 15 min，收集上清液待测。

（3）显色与比色。吸取样品提取液 1 mL，放入具塞的试管中，加入 5 mL 考马斯亮蓝 G_{250} 溶液，充分混合，放置 5～10 min，在波长为 595 nm 处测定吸光值，并通过标准曲线查得蛋白质浓度。按照式（5-3）计算测定的水果蛋白质含量（单位：μg/g），将实验数据记入表 5-6。如果测得的吸光值超过 1，将提取液进行稀释后再进行显色反应，再测定吸光值，在计算时注意各种指标的变化。

$$可溶性蛋白质含量 = \frac{C \times V_T \times n}{W} \quad (5-3)$$

式中，C 指通过标准曲线计算出的样品提取液蛋白质浓度，单位为 μg/mL；V_T 指为样品提取液总体积，单位为 mL，本实验中为 10 mL；W 指为样品鲜重，本实验中为 2 g；n 指为稀释倍数，样品提取液不需要稀释时，$n=1$。

表 5-6 不同水果可溶性蛋白质含量测定

水果	重复	OD	蛋白质浓度 C/($\mu g \cdot mL^{-1}$)	蛋白质含量/($\mu g \cdot g^{-1}$)
水果1	1			
	2			
	3			
	平均值			

续表

水果	重复	OD	蛋白质浓度 $C/(\mu g \cdot mL^{-1})$	蛋白质含量$/(\mu g \cdot g^{-1})$
水果2	1			
	2			
	3			
	平均值			
水果3	1			
	2			
	3			
	平均值			

实验24　有机酸含量的测定

实验原理

植物材料中含有丰富的有机酸，如苹果酸、柠檬酸、琥珀酸、酒石酸、草酸等。利用酸碱滴定法测定果蔬中的可滴定酸含量，可以从风味及营养的角度衡量其品质。果实中的有机酸含量表示：柑橘类可换算成柠檬酸，葡萄类可换算成酒石酸，苹果类可换算成苹果酸，等等。

植物组织中的有机酸易溶于水、醇和醚，可用这些溶剂先将有机酸提取，用酚酞做指示剂，用 NaOH 标准溶液进行滴定，通过消耗的 NaOH 标准溶液的体积计算植物组织内有机酸的含量。

由于 NaOH 标准溶液易吸收空气中水分和 CO_2，导致其浓度发生变化，因此在进行水果有机酸含量测定之前，需要先用邻苯二甲酸氢钾（$KHC_8H_4O_4$）对 NaOH 标准溶液进行标定。$KHC_8H_4O_4$ 在空气中不吸水，容易保存，易制得纯品，且摩尔质量较大，是一种较好的基准物质。

实验材料、器材与试剂

【实验材料】各种水果。

【实验器材】电子天平、电热恒温水浴锅、研钵、量筒、移液管、烧杯、容量瓶、漏斗、锥形瓶、碱式滴定管、滤纸等。

【实验试剂】（1）95%乙醇溶液。

（2）1%酚酞。称取1 g酚酞溶于100 mL 95%乙醇溶液中。

（3）0.05 mmol/mL NaOH。称取2 g NaOH，蒸馏水溶解，定容至1 000 mL。

（4）NaOH浓度的标定。用万分之一的天平称取干燥过的邻苯二甲酸氢钾（KHC$_8$H$_4$O$_4$）0.125 0 g～0.150 0 g 3份，分别置250 mL三角瓶中，用80 mL煮沸后冷却的蒸馏水溶解，加酚酞指示剂2～3滴，用所配的0.05 mmol/mL NaOH标准溶液滴定至微红色（约15 mL）。依式（5-4）计算NaOH溶液的准确浓度C（单位：mmol/L），求3份样品的平均值，结果保留至小数点后4位。

$$C = \frac{W \times 1\,000}{m \times V_K} \qquad (5-4)$$

式中，W指配制KHC$_8$H$_4$O$_4$标准溶液时称取的质量，单位为g；V_K指滴定KHC$_8$H$_4$O$_4$溶液时所消耗的NaOH溶液体积，单位为mL；m指KHC$_8$H$_4$O$_4$的摩尔质量，等于2 043 mg/mmol。

实验步骤

（1）样品中有机酸的提取。称取5 g果肉，加入研钵中，加少许石英砂磨成匀浆，用蒸馏水冲洗，置入50 mL三角瓶中，加水体积约为30 mL，放入80 ℃水浴中浸提30 min，其间不断搅拌。取出冷却，倒入50 mL容量瓶中，并用蒸馏水洗残渣数次，定容至刻度。静置片刻，取上清液过滤，或以4 000 r/min离心10 min收集上清液，收集滤液或上清液至少30 mL，即为有机酸提取液。

（2）有机酸含量的测定。用移液管吸取10 mL有机酸提取液于50 mL三角瓶中，加入酚酞指示剂1～2滴，用标定后的NaOH溶液滴定至出现微红色，摇30～60 s不褪色为滴定终点，记下所消耗的体积。取3次平均值。将实验数据记入表5-7。

表 5-7　有机酸含量测定

水果	消耗标定的 NaOH 溶液体积 V_{NaOH}/mL				有机酸含量/%
	1	2	3	平均值	
水果 1					
水果 2					
水果 3					

（3）按式（5-5）计算 100 g 果实中有机酸的含量（单位：g）。

$$100\ g\ 果实中有机酸的含量 = \frac{C \times V_{NaOH} \times k \times V_T}{V_0 \times m} \times 100\ g \quad (5-5)$$

式中，C 指标定的 NaOH 溶液的浓度，单位为 mmol/mL，本实验中用 $KHC_8H_4O_4$ 标定；V_{NaOH} 指滴定样品时所消耗的标定 NaOH 溶液体积，单位为 mL；k 指换算为某种酸含量的系数，单位为 g/mmol，即 1 mmol NaOH 溶液所滴定的有机酸的质量，以果蔬主要含酸种类进行计算，不同果蔬中的 k 值见表 5-8；V_T 指样品浸提后定容体积，单位为 mL，本实验中为 50 mL；V_0 指滴定用的样液体积，单位为 mL，本实验中为 10 mL；m 指样品质量，单位为 g，本实验中为 5 g；100 g 指表示换算成 100 g 果实含有的有机酸含量。

表 5-8　几种有机酸的换算系数 k

有机酸名称	折算系数 k/(g·mmol^{-1})	果蔬与制品
苹果酸	0.067	仁果类、核果类水果
结晶柠檬酸（1 个结晶水）	0.070	柑橘类、浆果类水果
酒石酸	0.075	葡萄
草酸	0.045	菠菜
乳酸	0.090	盐渍、发酵制醋品
乙酸	0.060	醋渍制品

实验 25　粗纤维含量的测定

实验原理

纤维素为 β-葡萄糖残基组成的多糖，在酸性条件下加热能分解成 β-葡萄糖。β-葡萄糖在强酸作用下，可脱水生成 β-糠醛类化合物。β-糠醛类化合物与蒽酮脱水缩合，生成黄绿色的糠醛衍生物，根据颜色的深浅可间接测定纤维素含量。

实验材料、器材和试剂

【实验材料】各种水果。

【实验器材】试管、量筒、烧杯、移液管、容量瓶、布氏漏斗、电子天平、水浴锅、电炉、玻璃比色皿、分光光度计。

【实验试剂】（1）浓硫酸。

（2）60% H_2SO_4 溶液。76 mL 浓硫酸（比重为 1.84）用蒸馏水稀释，定容至 100 mL。

（3）1 mg/mL 蒽酮试剂。称取 0.1 g 蒽酮溶解于 100 mL 60% 硫酸溶液中。

（4）100 μg/mL 标准纤维素溶液。准确称取 100 mg 纯纤维素于 100 mL 容量瓶中，将容量瓶冰浴，然后加入 60% H_2SO_4 溶液 60~70 mL，在冰浴条件下消化处理 20~30 min，用 60% H_2SO_4 溶液稀释至刻度，摇匀。吸取此液 5 mL 置于另一个 50 mL 容量瓶中，将容量瓶放入冰浴中，加蒸馏水稀释至刻度，所得为 100 μg/mL 标准纤维素溶液。

实验步骤

（1）纤维素标准曲线的制作。取 6 支小试管，编号为 1~6，分别向每支具塞试管中加入 100 μg/mL 标准纤维素溶液 0 mL、0.4 mL、0.8 mL、1.2 mL、1.6 mL、2.0 mL，再分别加入 2.0 mL、1.6 mL、1.2 mL、0.8 mL、0.4 mL、0 mL 蒸馏水，摇匀，每支试管中纤维素含量依次为 0 μg、40 μg、80 μg、120 μg、160 μg、200 μg；再向每管加 0.5 mL 蒽酮试剂，沿管壁加 5 mL 浓硫酸，塞上塞子，摇匀，静置 1 min。然后在波长 620 nm 处，测定每支试管溶液的吸光值；以测得的吸光值为纵坐标，对应的标准纤维素含量为横坐标，用 Excel 软件求得纤维素溶液的吸光值与含量之间的标准曲线。将实验结果填入表 5-9 中。

表 5-9 纤维素含量测定的标准曲线绘制

编号	标准纤维素含量/μg	OD_1	OD_2	OD_3	OD 平均值
1	0				
2	40				
3	80				
4	120				
5	160				
6	200				
标准曲线 R^2 =					

（2）样品纤维素含量的测定。①称取样品 5 g 于烧杯中，将烧杯置于冰浴中，加入 60% H_2SO_4 溶液 60 mL，消化 30 min；将消化好的待测纤维素溶液转入 100 mL 容量瓶，并用 60% H_2SO_4 溶液定容至刻度，摇匀后用布氏漏斗抽滤于另一烧杯中。②取上述滤液 5 mL 置入 100 mL 容量瓶中，在冰浴条件下加蒸馏水稀释至刻度，摇匀备用。③取②中稀释后的溶液 2 mL 于具塞试管中，加入 0.5 mL 蒽酮试剂，并沿管壁加 5 mL 浓硫酸，塞上塞子，摇匀，静置 12 min，然后在波长 620 nm 下测吸光值（OD），实验重复 3 次。将实验数据记入表 5-10 中。

表5-10 不同水果纤维素含量测定

水果	重复	OD	比色液中纤维素含量 m/μg	水果中纤维素含量/μg
水果1	1			
	2			
	3			
	平均值			
水果2	1			
	2			
	3			
	平均值			
水果3	1			
	2			
	3			
	平均值			

（3）结果统计与分析。根据测得的吸光值通过标准曲线求出比色液中纤维素含量，然后按式（5-6）计算样品中纤维素的含量，将结果填入表5-10中。

$$样品中纤维素的含量 = \frac{m \times 10^{-6} \times n}{W} \times 100\% \qquad (5-6)$$

式中，m 指用标准曲线计算出样品反应液中纤维素含量，单位为 μg；W 指样品重，单位为 g，本实验中为 5 g；10^{-6} 指将 μg 换算成 g 的系数，1 μg = 10^{-6} g；n 指样品反应液稀释倍数，在本实验中，5 g 材料提取液为 100 mL，从 100 mL 中取出 5 mL，稀释为 100 mL，取 2 mL 进行测定，稀释倍数为（100 mL ÷ 5 mL）×（100 mL ÷ 2 mL）= 1 000。

实验 26　果胶含量的测定

实验原理

果实中的水溶性果胶可直接用沸水提取；原果胶不溶于水，用酸将其水解后进行提取。果胶的基本结构是以 $\alpha-1,4$ 糖苷键连接的聚半乳糖醛酸，半乳糖醛酸能在硫酸溶液中与咔唑试剂作用，生成紫红色的化合物，在波长 520～530 nm 处吸光值最大。

实验材料、器材与试剂

【实验材料】各种水果。

【实验器材】循环水式真空泵、回流冷凝器、恒温干燥箱、G4 砂芯漏斗、恒温水浴锅、低速离心机、可见分光光度计、天平、胶头滴管、烧杯、离心管、移液管、容量瓶、移液器、试管、试管架、玻璃比色皿、洗耳球等。

【实验试剂】（1）体积比浓度为 95% 的乙醇溶液、体积比为 1:1 的氯仿与甲醇混合液、丙酮溶液、浓硫酸（分析纯）。

（2）50 mg/mL α-萘酚乙醇溶液。称取 0.25 g α-萘酚溶解于 5 mL 无水乙醇中，现配现用。

（3）1 mg/mL 咔唑乙醇溶液。称取 0.1 g 咔唑，用无水乙醇溶解，定容至 100 mL。

（4）100 μg/mL 半乳糖醛酸标准液。称取 10 mg 半乳糖醛酸用蒸馏水溶解，定容至 100 mL。

（5）0.5 mol/L 硫酸溶液。取 2.7 mL 浓硫酸，置入约 50 mL 蒸馏水，然后再用蒸馏水稀释，定容至 100 mL。

实验步骤

(1) 细胞壁物质制备。称取新鲜水果组织（记为 W_1），剪碎，液氮研磨成均匀粉末，然后加入 95% 乙醇溶液 30～100 mL，水浴煮沸回流 40 min，冷却后用 G4 砂芯漏斗抽滤，不溶物用 95% 乙醇溶液冲洗，直至滤液中不含有可溶性糖（可溶性糖的穆立虚反应检测：取滤液 1 mL 于小试管中，加入含有 50 mg/L α-萘酚乙醇溶液 3～5 滴，充分摇匀混合，沿管壁缓缓加入浓硫酸 1 mL，稍予静置，若两液层的界面产生紫红色色环，则说明滤液中仍含有糖分；若无紫红色，则不含可溶性糖）。将不含可溶性糖的提取液依次用体积比为 1∶1 的氯仿与甲醇混合液 30 mL 冲洗 2 次，再用 20 mL 丙酮溶液冲洗 2 次。最后得到均一白色粉末状固体，于恒温干燥箱中干燥至恒重（记为 W_2），即为细胞壁物质。

(2) 水溶性果胶待测液制备。取细胞壁物质 100 mg 放入 10 mL 离心管中，加入蒸馏水 10 mL，100 ℃ 沸水浴 1 h 以溶解水溶性果胶。待冷却至室温后，3 000 r/min 离心 20 min，取上清液于 100 mL 的容量瓶中。用蒸馏水将沉淀洗涤离心 2 次，合并上清液，定容摇匀，即为水溶性果胶待测液。

(3) 原果胶测定液制备。细胞壁物质 100 mg 于 10 mL 离心管中，加 0.5 mol/L H_2SO_4 溶液 5 mL，100 ℃ 沸水浴 1 h，水解原果胶。待冷却至室温后，3 000 r/min 离心 10 min，将上清液倒入 100 mL 的容量瓶中，用蒸馏水将沉淀洗涤、离心 2 次，合并上清液，定容摇匀，即为原果胶待测液。

(4) 标准曲线的绘制。以 100 μg/mL 标准半乳糖醛酸溶液为母液配制 0 μg/mL、15 μg/mL、30 μg/mL、45 μg/mL、60 μg/mL、75 μg/mL、90 μg/mL 的溶液各 1 mL，分别装入编号为 1～7 的试管中，向各支试管中各加入 1 mg/L 咔唑乙醇溶液 0.25 mL，再迅速加入浓硫酸 5 mL，摇匀后于 85 ℃ 水浴 20 min，冷水中迅速冷却至室温，摇匀后暗处静置 5 min，在 1.5 h 内于波长 525 nm 处进行比色测得吸光值（OD）。以半乳糖醛酸浓度为横坐标，以测得的吸光值为纵坐标，用 Excel 软件制得果胶含量标准曲线。将实验数据记入表 5-11 中。

表 5-11 果胶含量测定的标准曲线绘制

编号	标准半乳糖醛酸液浓度/($\mu g \cdot mL^{-1}$)	OD_1	OD_2	OD_3	OD 平均值
1	0				
2	15				
3	30				
4	45				
5	60				
6	75				
7	90				
标准曲线 $R^2 =$					

（5）样品水溶性果胶、原果胶含量的测定。取步骤（2）、步骤（3）中制备的水溶性果胶待测液、原果胶测定液 1 mL，分别加入试管中，再加入 1 mg/L 咔唑乙醇溶液 0.25 mL，然后迅速加入 5 mL 浓硫酸，摇匀后于 85 ℃ 水浴 20 min，冷水中迅速冷却至室温，摇匀后暗处静置 5 min，在 1.5 h 内于波长 525 nm 处比色得测定吸光值，分别记录为 $OD_水$ 和 $OD_原$。

（6）果胶含量的计算。根据测得的水溶性果胶待测液、原果胶待测液吸光值，用标准曲线求出两种果胶浓度，分别记为 $C_水$、$C_原$，将 $C_水$ 和 $C_原$ 分别代入式（5-7）计算出样品中水溶性果胶和原果胶的含量。水溶性果胶含量记为 $Y_水$，原果胶记为 $Y_原$，总果胶含量记为 $Y_总$，将实验数据记入表 5-12 中。

$$果胶含量 = \frac{C \times V \times k \times W_2 \times 10^{-6}}{M \times W_1} \times 100\% \quad (5-7)$$

式中，C 指从标准曲线中算得的半乳糖醛酸浓度（代替果胶浓度，单位为 $\mu g/mL$）；V 指待测液体积，单位为 mL，本实验中为 100 mL；k 指稀释倍数，根据具体实验操作确定；W_1 指样品鲜重，单位为 g；W_2 指细胞壁粉末重，单位为 g；M 指用于果胶测定的干粉末质量，本实验中为 100 mg；

10^{-6} 指将 μg 换算成 g 的系数，1 μg = 10^{-6} g。

$$Y_{总} = Y_{原} + Y_{水} \qquad (5-8)$$

表 5-12 水果中原果胶、水溶性果胶和总果胶含量测定

水果	重复	$OD_{水}$	$C_{水}$/(μg·mL^{-1})	$Y_{水}$/%	$OD_{原}$	$C_{原}$/(μg·mL^{-1})	$Y_{原}$/%	$Y_{总}$/%
水果1	1							
	2							
	3							
	平均值							
水果2	1							
	2							
	3							
	平均值							
水果3	1							
	2							
	3							
	平均值							

注意事项

（1）材料研磨前尽可能剪碎，使研磨更加充分；新鲜材料不要在无冷冻情况下暴露太久；在材料研磨前在磨口锥形瓶先加 20 mL 乙醇溶液，使果胶酶钝化。

（2）乙醇煮沸应注意时不时轻摇烧杯内的乙醇溶液，因沸腾粉末易沾壁后变干焦，造成损耗；调小火，保持小泡煮沸状态最佳；煮沸后开始计时。

（3）萘酚有强腐蚀性，使用时注意安全，天平若沾到须擦干净后用酒精擦拭。萘酚久贮遇光变深棕色，暂贮须存于棕色瓶内，不可久贮。

（4）糖的存在对咔唑的呈色反应影响较大，故样品处理时用穆立虚法

进行检验至充分洗涤除去糖。咔唑乙醇溶液用无水乙醇溶解时,溶解时留意溶液是否完全无悬浊,确认咔唑充分溶解。

(5) 硫酸浓度对呈色反应影响较大,故测定样液和制作标准曲线时,应使用同规格、同批号的浓硫酸,以保证其浓度一致。

(6) 溶解水溶性果胶 100 ℃ 水浴 15 min,可以稍稍摇晃 1 次,使反应更充分,有利于离心操作。离心时间根据具体情况调整。

(7) 加硫酸要迅速,冷却也要迅速,否则影响显色读数的稳定性。

教学建议

采用小组合作的形式完成一种果实的多种指标测定,包括维生素 C、可溶性糖、蛋白质、有机酸、纤维素和果胶含量的测定,也可每个小组完成多种水果的 1 种或 2 种指标的测定。进行数据统计分析时,查阅营养健康等相关文献,从营养学的角度对不同水果或蔬菜的风味进行分析,并给出合理化的营养建议。

思考题

(1) 测定果蔬中维生素 C 含量时,进行样品处理时要注意哪些问题? 如果样品颜色较深,该怎么处理? 采用本方法测定的果实维生素 C 的含量,结果会受到哪些因素的影响,如何避免?

(2) 根据维生素 C 的性质特点,还可用什么方法进行维生素 C 含量的测定? 比较各种方法的优缺点。

(3) 维生素 C 含量测定时,用到了 1% 和 2% 两种浓度的草酸,为什么?

(4) 用考马斯亮蓝染料结合法测定果实蛋白质含量有什么优缺点?

(5) 用酸碱滴定法测定水果有机酸含量时,实验结果会受到哪些因素的影响?

专题六　植物生长物质与植物生长发育

植物生长物质是一些调节植物生长发育的物质，包括植物激素和植物生长调节剂。其中，植物激素是植物体内产生的一类含量很低、对植物生长发育起调节作用的物质，植物生长调节剂是指一些具有植物激素类似活性的人工合成的化合物。由于从植物体内提取植物激素效率低、难度大，因此在生产上常用植物生长调节剂代替植物激素起作用。植物生长调节剂被广泛应用于调控植物的生长发育，提升农林业产品的产量和品质。

植物从种子萌发、植株生长、开花结果到衰老死亡，整个过程都受到植物激素的调节作用。比如生长素（IAA）调控植物的顶端优势、向光性生长、不定根发育、果实成熟、叶片脱落等，赤霉素（GA）参与到植株茎的伸长、花的性别分化、禾谷类种子的萌发、种子休眠的打破等生理过程，细胞分裂素（CTK）参与细胞分裂、根的顶端生长、细胞的分裂、营养物质运输等过程，脱落酸（ABA）参与气孔开闭的调控、种子和芽的休眠、提升植物逆境抵抗能力等生理反应，乙烯（ETH）与果实的成熟、器官脱落、不定根的发生等。在生产上利用这些原理，可解决很多关键的问题，如利用生长素类调节剂萘乙酸（NAA）、吲哚丁酸（IBA）促进植物的扦插生根，用 GA 和 ETH 对瓜类植物的雌雄花的分化进行调控，用 ETH 利进行果实催熟，用 GA 进行无籽葡萄的生产、啤酒的酿造、提升茎叶类蔬菜的产量，利用 CTK 类物质进行蔬菜保鲜，利用多效唑（PP_{333}）等生长抑制剂进行植物的矮化训练以增强植物的抗逆性，等等。可以说现代农业离不开植物生长物质，植物生长物质已经渗透到了我们生活中的每个角落。

然而，植物生长物质的使用是一把双刃剑，利用得好会造福人类，利用不好会带来包括环境污染、生物安全等方面的不良后果。因此，在利用植物生长物质时，务必要采用科学的态度，用科学的理论和方法进行有效指导。植物生长物质的作用多样，不同植物品种、不同生长发育时期、不同的施用时间、不同的试剂浓度，都会产生不同的效应。在使用植物生长物质之前，只有做好前期预实验工作，才能为生产上大规模使用提供可靠的指导。

实验 27　植物生长物质的配制方法

实验原理

不同的植物生长物质由于其理化性质不同，溶解性能也各不相同，因此在使用植物生长物质前，要充分了解其使用方法和性质，科学合理地配制各种试剂。由于植物生长物质的使用浓度通常很低，因此一般情况下要先配制母液，然后用母液稀释到所需要的浓度进行应用。

本实验以植物生长物质吲哚乙酸（IAA）为例，配制 2 mmol/L 的溶液 20 mL。

实验器材与试剂

【实验器材】电子天平、烧杯、容量瓶等。
【实验试剂】吲哚乙酸（IAA）、0.1 mol/L NaOH 溶液。

实验步骤

（1）了解 IAA 的理化性质。IAA，中文名字为生长素或吲哚乙酸，分子量为 175，见光后迅速变成玫瑰色，活性降低，应放在棕色瓶中贮藏或黑纸遮光，易溶于乙酸乙酯、乙醚和丙酮，酸性介质下不稳定。吲哚乙酸的钾盐或钠盐在水中易溶解且较稳定。

（2）计算 IAA 用量。20 mL × 2 mmol/L × 175 g/mol = 7 mg。虽然可以

用万分之一的电子天平称取 7 mg 的 IAA，但是称的量太少容易导致误差，可通过先配制母液，然后用母液稀释到所需要的溶液浓度的方法来进行。比如可以将溶液配制成 10 mmol/L 的浓度，使用时再将母液稀释到所需要的浓度，计算方法如下：20 mL 浓度为 10 mmol/L 的溶液需要 IAA 的量为 20 mL × 10 mmol/L × 175 g/mol = 35 mg。

（3）配制溶液。称取 35 mg IAA，逐滴加入 0.1 mol/L NaOH 溶液直到粉末溶解，再用蒸馏水稀释定容至 20 mL。将配好的溶液倒入棕色瓶中，贴上标签，4 ℃ 低温保存。

（4）配制 20 mL 的 2 mmol/L 的 IAA 溶液。取 4 mL 母液（10 mmol/L IAA）定容至 20 mL。

（5）练习。配制 0.5 mmol/L 的 6 – 苄基腺嘌呤（6 – BA）10 mL，将实验过程记录于表 6 – 1 中。

表 6 – 1　植物生长调节剂的配制方案

6 – BA	母液配制	工作液稀释方法
6 – BA 分子量：	体积：	取母液体积：
溶解性质：	称取量：	稀释体积：
贮藏方法：	浓度：	浓度：
应用领域：	—	—

实验 28　生长素类物质 NAA 和 IBA 促进植物不定根的形成

实验原理

植物细胞具有全能性，在一定的条件下，已经分化的细胞可以脱分化，进行细胞分裂，并再分化形成相应的组织、器官或植株。当植物枝条从母体截取后，枝条切口附近的细胞，在一定条件下能够脱分化重新形成具有分裂能力的细胞，并再分化形成不定根。这是植物的一种生存能力，植物不定根形成能力越强，意味着植物适应环境的能力也越强。但是不同的植物，其细胞脱分化能力不同，因此形成不定根的能力也不相同。比如，大多数草本植物，如菊花、落地生根等，以及一些木本植物，如榕树、柳树等，形成不定根的能力很强，因此其适应环境的能力也相对强。但一些木本植物的不定根的发生能力相对较弱，需要通过人工干预来促进其不定根的发生。

用植物生长调节剂（生长素类、生长延缓剂等）处理植物插条，可以促进插条部位细胞恢复细胞分裂能力，诱导根原基发生，促进不定根的生长和伸长。经植物生长物质处理后，植物不定根发生提早，成活率提高。生产上常用于促进植物扦插生根的生长调节剂主要有萘乙酸（NAA）、吲哚丁酸（IBA）等，植物插条经过处理后，移栽后成活率提高，根深苗壮。这些促进生根的方法已广泛用于农业生产上，并取得了显著的经济效益和社会效益。

实验材料、器材与试剂

【实验材料】簕杜鹃（三角梅）、洒金榕等植物插条。

【实验器材】电子天平、烧杯等。

【实验试剂】（1）1 000 mg/L 萘乙酸（NAA）溶液。准确称取 100 mg 萘乙酸粉剂，滴加 1 mol/L NaOH 溶液直到粉剂完全溶解，用蒸馏水定容至 100 mL，4 ℃低温保存。

（2）1 000 mg/L 吲哚丁酸（IBA）溶液。准确称取 100 mg 吲哚丁酸粉剂，滴加 1 mol/L NaOH 溶液直到粉剂完全溶解，用蒸馏水定容至 100 mL，4 ℃低温保存。

（3）0.1% $KMnO_4$ 溶液。100 mg $KMnO_4$ 溶于 100 mL 蒸馏水。

实验步骤

（1）插条准备。取 1～2 年生枝条，剪成 10～15 cm 左右的切段，在流水中将枝条的下端斜切，用 0.1% $KMnO_4$ 溶液消毒 10～15 min。

（2）插条处理。将 1 000 mg/L NAA 和 IBA 溶液分别稀释成 100 mg/L

和 200 mg/L 的浓度。取 6 个 100 mL 烧杯，分别加入蒸馏水、100 mg/L 的 NAA、200 mg/L 的 NAA，100 mg/L 的 IBA、200 mg/L 的 IBA、100 mg/L 的 NAA 及 100 mg/L 的 IBA 溶液各 30～50 mL，以将枝条切口端浸没 2～3 cm 为准，做好标记。将处理好的插条下端浸泡在上述溶液中，每个处理至少 20 根插条，记录浸泡时间，24 h 后倒去处理液。

（3）插条培养。将插条插于盛有干净沙土的容器中，放置在走廊弱光通风处培养，记录天气、光照等条件，注意保持沙的湿润。

（4）结果观察。15～20 d 后取出插条观察基部不定根发生的情况，统计扦插的枝条生根的比例（生根率）、每个插条发生不定根的数目（统计根长大于 0.5 cm 的不定根），并测定不定根的长度，用表格 6-1 记录不同植物生长物质处理的插条的各种指标，分析 NAA 和 IBA 对植物插条生根的影响，将实验数据记录于表 6-2 中。

表 6-2 不同浓度和种类的生长素类物质对植物扦插生根的影响

$C_{NAA}/$ (mg·L^{-1})	$C_{IBA}/$ (mg·L^{-1})	生根时间/d	生根率/%	每枝生根数	平均根长/cm
0	—				
100	—				
200	—				
—	100				
—	200				
100	100				

注意：在进行扦插处理时，应保留一些幼芽、幼叶，有时在生产上为了提高植物不定根发生频率，特别是一些珍稀植物的扦插生根频率，常常采用空中压条等方式进行，提升插条的生根率；有时也采用低温沙埋方式，通过对枝条的黄化处理，促进插条的不定根发生。

实验 29　赤霉素对蚕豆幼苗生长的影响

实验原理

赤霉素通过促进细胞伸长方式促进植物茎的生长。研究认为赤霉素可提高木葡聚糖内转葡糖基酶活性，破坏木聚糖苷键，重新合成新的木葡聚糖分子，有利于膨胀素进入细胞壁，促进细胞伸长。

在水稻抽穗过程中用赤霉素喷施可促进花穗轴伸长避免包颈现象发生，在切花（如唐菖蒲等）生产过程中喷施赤霉素可促进花轴生长和小花开放，在蔬菜（如芹菜）生产过程中喷施赤霉素可促进株高、叶数和叶柄直径的增加等。利用赤霉素促进细胞伸长的原理增加植物的产量、改善植物的品质，已在农业生产上得到广泛的应用。

实验材料、器材与试剂

【实验材料】蚕豆幼苗。
【实验器材】分析天平，量筒。
【实验试剂】100 mg/L 赤霉素母液。称取 10 mg 赤霉素粉末，用少量 95% 乙醇溶液溶解完全后，用蒸馏水定容至 100 mL。

实验步骤

用 100 mg/L 赤霉素母液分别配制浓度为 0 mg/L、25 mg/L、50 mg/L、100 mg/L 的工作液。待蚕豆种子萌发到 2～3 片真叶，选取长势一致的幼苗，分为 4 组，每组 10～15 株，将上述不同浓度的赤霉素涂抹到茎尖端生长点部位。观察记录蚕豆幼苗的生长状况，15～20 d 后将植株的株高、叶片数、叶色和根系质量等实验结果记录于表 6-3 中。

表 6-3 赤霉素对水稻幼苗生长的影响

GA 溶液浓度/(mg·L^{-1})	株高/cm	叶片数/片	根系质量/g	叶色
0				
25				
50				
100				

实验30　多效唑对植物的矮化作用

实验原理

多效唑（PP$_{333}$）是一种植物生长延缓剂，能够抑制赤霉素的生物合成，抑制植株的长高，使植株矮小、茎秆粗壮、叶厚面积小、叶色深绿，农业生产上常用于培育壮苗，矮化植株防倒伏。

中国水仙是我国传统名花，是春节花市的重要品种。人们希望水仙在春节开花，但有时春节前气温高低不定，因此生长快慢不同。为了应节开花，并保持良好的株型，可利用植物生长调节剂进行处理。在高温环境下，水仙易徒长，导致株型不整齐，极大地降低其观赏价值，采用多效唑处理可使叶片颜色深绿、植株矮壮、株型紧凑。

实验材料、器材与试剂

【实验材料】中国水仙鳞茎（水仙球）。

【实验器材】分析天平、量筒、水仙盆或合适的容器。

【实验试剂】用蒸馏水配制的 0 mg/L、10 mg/L、20 mg/L、30 mg/L 的 PP$_{333}$ 溶液。

实验步骤

（1）材料处理。用解剖刀去除水仙球外表的干枯鳞片，适当雕刻水仙球，并用自来水冲洗，擦干表皮水分，将水仙球放入水仙盆内或合适容器，每盆2～3个。

（2）矮化处理。将 0 mg/L、10 mg/L、20 mg/L、30 mg/L 的 PP_{333} 溶液分别倒入水仙盆中，先用溶液将芽部浸湿，再把水仙球放置端正，尽量让芽朝上面，处理液浸没水仙球，24～48 h 后把盆中的溶液倒掉，换成自来水，以后按照常规的水培养。也可在苗高 5 cm 左右时，开始喷施 PP_{333} 溶液 2～3 次，每次间隔 5～7 d。

（3）观察矮化效果。每隔 7 d 统计 1 次水仙植株生长高度，直至各处理组与对照组水仙球开花，记录开花时间、花葶高度，对不同处理的植株进行拍照，记录叶色表现、株型表现，将实验结果记录于表 6-4 中。

表 6-4　植物生长调节剂 PP_{333} 对水仙开花的影响

PP_{333} 质量浓度/(mg·L^{-1})	植株高度/cm	开花时间/d	花葶高度/cm	叶色	株型
0					
10					
20					
30					

注：选用大小一致的水仙球，雕刻时注意尽量不要伤及花芽和叶。

实验 31　植物生长调节剂对黄瓜性别分化的作用

实验原理

植物的性别分化具有多样性、可塑性的特点。植物的性别分化受到环境因素的影响，性别表现上有两性花、雌雄同株、雌雄异株、雌花雄花两性花同株、雌花雄花两性花异株、雌花两性花同株、雌花两性花异株、雄花两性花同株、雄花两性花异株、中间型花等各种各样的形式。比如番木瓜在不同环境条件下可分化出雌花、五蕊两性花、中间型花、两性花、雄花等各种性别。在生产上，许多农作物、果树和经济林木是以果实或种子为收获对象，需要增加雌株或雌花的比例；而甘蔗等植物以收获营养器官茎为主要对象，需要增加雄株数；比如银杏，作为果实收获生长时，需要多增加雌株，作为观赏行道树时，需要多选雄株。

植物生长物质在植物性别分化的调控上起着重要的作用，比如适当浓度的乙烯利能诱导黄瓜雌花的形成，而适当浓度的赤霉素能诱导黄瓜雄花的形成。利用这些原理，可根据需要对植物的性别进行适当的调控。

实验材料、器材与试剂

【实验材料】黄瓜幼苗。

【实验器材】烧杯、移液管、量筒、棉花、滴管、标签纸。

【实验试剂】（1）200 mg/L 乙烯利。用蒸馏水配制。

（2）200 mg/L 赤霉素。称取 20 mg 赤霉素粉末，用少量 95% 乙醇溶液溶解完全后，用蒸馏水定容至 100 mL。

实验步骤

（1）用 200 mg/L 乙烯利母液和 200 mg/L 赤霉素母液分别配制浓度为 0 mg/L、50 mg/L、100 mg/L、200 mg/L 的乙烯利和赤霉素工作液。

（2）当黄瓜幼苗长出 2~3 片真叶时，选择生长一致的幼苗，分成 7 组，每组 10~15 株，于晴天 16:00 左右，分别用不同浓度的乙烯利和赤霉素工作液对幼苗茎尖生长点进行涂抹处理，用蒸馏水处理作为对照。具体方法为：用镊子夹住小棉花团，浸入溶液中，将吸有药液的小棉花团放在幼苗的生长点上，使幼苗吸收溶液；第二、三天重复同样的工作，连续处理 3 次，对每种处理挂上标签。如果处理后正好下雨，需要补做处理。

（3）在幼苗旁插上1根竹竿，让苗攀援。观察记录实验现象，持续时间为1个月左右，记录开花时间、开花节位、花朵性别、结果数目等，将实验数据记录于表6-5中。

表6-5 赤霉素和乙烯利对黄瓜花性别分化的影响

GA质量浓度/(mg·L^{-1})	乙烯利质量浓度/(mg·L^{-1})	开花时间/d	开花节位	总节数/节	开花总数/朵	雄花/朵	雌花/朵	雌雄比	结果数/个
0	—								
50	—								
100	—								
200	—								
—	50								
—	100								
—	200								

注：乙烯利和赤霉素的施用部位一定是幼苗的生长点。

实验32　乙烯的催熟效应

实验原理

在成熟过程中，果实内部会发生一系列复杂的变化，这些变化对果实的色泽、香味、风味和质地等都有着重要的影响。根据果实成熟过程中呼吸速率的变化，可将果实分为呼吸跃变型和非呼吸跃变型，其中，呼吸跃变型果实在果实成熟前内源乙烯显著上升，随后引起呼吸速率骤变升高，果实发生不可逆转的成熟。

乙烯通过增加膜透性，促进与成熟有关酶的合成或提高酶的活性，促进果实的成熟。人工合成的植物生长调节剂乙烯利，化学名为2-氯乙基膦酸，在pH高于4.1时，会分解产生乙烯。采用外源乙烯利处理呼吸跃变型的果实，能够明显地促进果实呼吸高峰的提早出现，促进果实的成熟。

$$2-氯乙基膦酸 + H_2O \xrightarrow{pH > 4.1} 乙烯 + Cl^- + H_2PO_4^-$$

实验材料、器材与试剂

【实验材料】果实体积达到成熟状态的青香蕉。
【实验器材】量筒。
【实验试剂】将乙烯利用蒸馏水稀释至1/400。

实验步骤

剔除烂果，将1梳香蕉从中间切成2份，一份浸泡于清水，另一份浸泡于乙烯利溶液，3 min后取出晾干，用报纸包好，放入阴凉通风处。每天观察香蕉的变化情况，将实验结果记录于表6-6中。

表6-6 乙烯利对香蕉的催熟效应

溶液	成熟时间/d	颜色变化描述	气味变化描述
蒸馏水			
乙烯利1/400稀释液			

实验33 赤霉素对马铃薯休眠的打破

实验原理

植物的种子或延存器官在收获后会有一段时间的休眠，以完成后熟或度过不良的环境条件，这是植物适应自然环境的一种重要的生物学性状。可通过适当的方式解除种子或延存器官的休眠状态，比如改变环境条件，如层积处理（低温湿沙处理）、变温处理、照光等；还可采用植物生长物质,如赤霉素、乙烯和细胞分裂素等,其中赤霉素最常用于打破种子或延存器官的休眠。

马铃薯休眠期长短与品种有关,一般为 40～60 d,因此刚收获的马铃薯常常处于休眠期而不能作为种薯使用。用赤霉素处理可打破马铃薯块茎的休眠,提升马铃薯的出芽率,并促进田间发芽整齐出苗。

实验材料、器材与试剂

【实验材料】马铃薯。

【实验器材】分析天平,量筒。

【实验试剂】100 mg/L 赤霉素母液。称取 10 mg 赤霉素粉末,用少量 95% 乙醇溶液溶解完全后,用蒸馏水定容至 100 mL,然后分别配制浓度为 0 mg/L、0.5 mg/L、1.0 mg/L、2.0 mg/L 的赤霉素工作溶液。

实验步骤

将马铃薯洗净,切成小块,每块带有 2～3 个芽眼;将切好的马铃薯块用水稍微进行冲洗,于不同浓度的赤霉素溶液中浸泡 10 min,取出,晾干,用湿润的沙土包埋,保持沙土湿润;每天观察土豆的发芽情况,将实验结果记录于表 6-7 中。发芽率、发芽势、发芽指数的统计见实验 2。

表 6-7 赤霉素对马铃薯的催熟效应

GA 溶液浓度/(mg·L^{-1})	发芽时间/d	发芽率/%	发芽势/%	发芽指数
0				
0.5				
1.0				
2.0				

注:赤霉素处理对当年采收的马铃薯和陈年马铃薯的效果可能有很大的不同。

教学建议

本专题的实验主要在课外完成，因此课外活动的组织和管理是实验能否顺利开展的重要考虑因素。在实验之前，要安排好小组分工、实验管理、数据采集及后续的数据分析等工作。为了保证实验的有序进行，可以事先要求学生阅读文献资料，开展实验设计，确定要研究的数据指标，并制定原始数据记录表格，用于实验过程中的数据记录与整理。

思考题

（1）进行植物生长调节物质溶液配制时，需要注意哪些事项？

（2）NAA 和 IBA 促进植物插条不定根的形成机理是什么？不定根的形成有什么生物学意义？影响不定根的形成因素有哪些？如何尽量避免？

（3）描述 GA、IBA、NAA、Eth、PP_{333} 的化学性质及溶液配制策略。

专题七　植物的衰老与死亡

植物衰老是指细胞、器官或整个植株生理功能衰退、趋向自然死亡的时相。植物的衰老受遗传调控，也受环境影响，比如秋天来临树叶脱落，花朵的萎蔫等。植物在衰老死亡过程中，会发生很多相应的生理现象，比如蛋白质含量变化、核酸含量变化、光合速率下降、呼吸速率下降、自由基含量增加、激素种类调整、细胞结构破坏等。

自由基是指一类含有不成对电子的物质。在植物体内，由于叶绿体的光合作用过程产生大量氧气，极易形成大量的氧自由基，又称为活性氧，包括羟自由基（·OH）、超氧化物阴离子自由基（O_2^-）、单线态氧（$^1O_2$）、过氧化氢（H_2O_2）等。这些物质氧化性极强，会引发不饱和脂肪酸发生过氧化反应，进一步产生一系列自由基，如脂质自由基（·R）、脂氧自由基（RO·）、脂过氧自由基（ROO·）和脂过氧化物（ROOH）。植物组织内自由基积累过多时会对细胞膜和许多生物大分子产生破坏作用，并造成细胞膜系统的解体和细胞膜结构的破坏，最终导致细胞的死亡。此外，活性氧还可作为信号物质，通过形成复杂的调控网络去调控植物的衰老。

生物体内有多种清除活性氧的机制，包括自由基清除酶系统，如过氧歧化酶（SOD）、过氧化物酶（POD）和过氧化氢酶（CAT）等（测定方法见专题八），以及自由基清除剂，如谷胱甘肽、维生素C、维生素E等。在叶绿体中，叶黄素和胡萝卜素液起到一定的防护作用。

在进行植物器官衰老机理研究时，叶片和花朵是一种较好的模式材料。切花是从植株上带茎叶剪下来用于观赏的花卉，由于切花是离体器官，水分和营养来源被隔断，因此容易衰老而凋落。弄清楚切花衰老的机理，设法延缓衰老进程，延长切花瓶插寿命，是切花生产和销售中的重要环节，有着巨大的观赏价值和经济价值。本专题以花朵凋萎死亡为例，来进行植物器官衰老和死亡的专题研究。

实验34　氧自由基产生速率的测定

实验原理

利用羟胺氧化的方法可以检测氧自由基产生速率。在生物系统中，植物组织产生的超氧阴离子自由基（$O_2^{·-}$）将羟胺氧化生成NO_2^-，NO_2^-与对氨基苯磺酸和α-萘胺作用，生成玫瑰红色的偶氮染料，染料在波长为520 nm处有显著吸收峰值，根据吸光值可以算出样品中产生的NO_2^-含量（原理同实验14）。然后根据羟胺与$O_2^{·-}$的反应式以及产生的NO_2^-含量，推导出植物组织中$O_2^{·-}$的含量。

$$NH_2OH + 2O_2^{·-} + H^+ \rightarrow NO_2^- + H_2O_2 + H_2O$$

记录样品与羟胺反应的时间和样品中的鲜重，可求得$O_2^{·-}$产生速率，单位为$\mu mol/(min \cdot g)$。

实验材料、器材与试剂

【实验材料】不同瓶插时间的花瓣或其他受逆境胁迫的植物组织。

【实验器材】分光光度计、高速低温离心机、分析天平、恒温水浴锅、研钵、量筒、吸量管、刻度试管、试管架、容量瓶等。

【实验试剂】（1）50 mmol/L磷酸缓冲液（pH=7.8）。配制方法见附录一。

（2）1 mmol/L盐酸羟胺溶液。称取70 mg盐酸羟胺用蒸馏水溶解，并定容至1 000 mL，溶解过程中可稍加热。

（3）17 mmol/L对氨基苯磺酸溶液。称取2.944 g对氨基苯磺酸，用冰醋酸∶蒸馏水（3∶1）溶液配制，定容至1 000 mL。

（4）7 mmol/L α-萘胺溶液。称取1.0 g α-萘胺，用冰醋酸∶水

(3∶1) 溶液配制，定容至 1 000 mL。

(5) 100 μmol/L NaNO$_2$ 母液。称取 70 mg NaNO$_2$，用蒸馏水溶解，定容至 1 000 mL，取 100 mL 稀释到 1 000 mL。

实验步骤

(1) 制作 NO$_2^-$ 标准曲线。用 100 μmol/L NaNO$_2$ 母液分别配制浓度为 0 μmol/L、5 μmol/L、10 μmol/L、15 μmol/L、20 μmol/L、25 μmol/L、30 μmol/L 的 NaNO$_2$ 溶液，取 7 支试管，编号为 1～7，分别吸取上述不同浓度的 NaNO$_2$ 溶液 1 mL，加入相应编号的试管中，再分别加入 1 mL 磷酸缓冲液、2 mL 对氨基苯磺酸溶液，摇匀，静置片刻再加入 2 mL α-萘胺溶液，摇匀，于 25 ℃中保温 20 min，然后在波长为 520 nm 处测定吸光值（OD），将所得 OD 填入表 7-1 中；以 NO$_2^-$ 浓度为横坐标，以 OD 为纵坐标，用 Excel 软件制得亚硝酸盐标准曲线。

表 7-1　氧自由基测定的标准曲线制作

试管编号	NaNO$_2$ 摩尔浓度/(μmol·L^{-1})	OD_1	OD_2	OD_3	OD 平均值
1	0				
2	5				
3	10				
4	15				
5	20				
6	25				
7	30				
标准曲线 R^2 =					

(2) 植物提取液的制备。取不同瓶插天数的花瓣 2 g，加磷酸缓冲液 2 mL，充分研磨，在 10 000 r/min、4 ℃条件下离心 20 min，将上清液用磷酸缓冲液定容至 5 mL，即为 O$_2^{·-}$ 产生待测液。

(3) O$_2^{·-}$ 产生速率的测定。取 1 mL 样品提取液于具塞试管中，再加

1 mL 盐酸羟胺,摇匀,于 25 ℃中保温 1 h,然后再加入 2 mL 对氨基苯磺酸溶液和 2 mL α-萘胺,混合均匀,于 25 ℃中保温 20 min,测定波长为 520 nm 处的吸光值（OD）。

（4）结果计算。根据实验原理中的反应式计算出不同处理的植物组织中 $O_2^{·-}$ 产生速率,将实验结果记录于表 7-2。

$$O_2^{·-} \text{产生速率} = \frac{C \times V \times 2}{m \times t} \quad (7-1)$$

式中,C 指标准曲线上查得的样品中 $NaNO_2$ 浓度,单位为 μmol/L;V 指样品提取液总体积,单位为 L,本实验中为 5×10^{-3} L;2 指根据反应公式,$O_2^{·-}$ 的物质的量是 NO_2^- 的 2 倍;m 指植物组织鲜重,单位为 g,本实验中为 2 g;t 指反应时间,单位为 min,本实验中为 20 min。

表 7-2 不同瓶插时间植物花瓣产生 $O_2^{·-}$ 的变化

瓶插天数/d	OD	$C/(\mu mol \cdot L^{-1})$	$O_2^{·-}$ 产生速率/[μmol·(min^{-1}·g^{-1})]
0			
2			
4			
6			
8			

注:提前买好花卉进行瓶插,不同植物的花朵发育进程不一样,根据具体品种设定取材时间,中途取的样品在 -20 ℃低温条件中保存,待收集齐材料后一起测量。

注意事项

如果样品中含有大量叶绿素,将干扰测定的灵敏度,可在样品溶液与羟胺温浴后,加入等体积的乙醚萃取叶绿素,然后再加入对氨基苯磺酸和 α-萘胺进行 NO_2^- 的显色反应。

实验 35　过氧化氢含量的测定

实验原理

植物组织内积累的 H_2O_2 是由一些氧化酶（主要是超氧化物歧化酶 SOD，其他如氨基酸氧化酶、葡萄糖氧化酶、乙二醇氧化酶）催化超氧阴离子发生氧化还原反应而形成。H_2O_2 相对超氧阴离子性质较稳定，但还是一种氧化剂，它的存在可以直接或间接地导致细胞膜脂质过氧化损害，加速细胞的衰老和解体。H_2O_2 也有其积极的一面，如参与植物抗病性和抗逆性的启动和诱导过程。因此，了解植物组织中 H_2O_2 的代谢具有重要的意义。

H_2O_2 与四氯化钛（$TiCl_4$）反应生成过氧化物–钛复合物黄色沉淀，沉淀溶解于硫酸后，可在波长 412 nm 处有显著吸收峰值，根据吸光值（OD）可以算出样品中的 H_2O_2 含量。

实验材料、器材与试剂

【实验材料】取不同瓶插时间的花瓣或其他受逆境胁迫的植物组织，比如盐胁迫、高温、冻害等情况下的植物组织。

【实验器材】分光光度计、高速低温离心机、通风橱、分析天平、研钵、量筒、吸量管、微量移液器、离心管、容量瓶等。

【实验试剂】（1）−20 ℃ 条件下预冷丙酮。

（2）浓氨水。要保证新鲜，确保浓氨水的浓度。

（3）2 mol/L 硫酸溶液。取 10 mL 浓硫酸，用蒸馏水稀释到 90 mL。

（4）体积比浓度为 10% 的四氯化钛–盐酸溶液（$TiCl_4$-HCl）：在通风橱中，将 10 mL $TiCl_4$ 缓慢加入 90 mL 浓盐酸中，轻轻在操作台上平摇，使 $TiCl_4$ 充分混匀。将试剂转入棕色瓶中，密封，4 ℃ 保存（用量较少，可以少配制一些，例如取 2 mL 四氯化钛加入 18 mL 浓盐酸中）。

(5) 5 mmol/L H_2O_2 - 丙酮溶液的配制。由于 H_2O_2 具有挥发性,因此在实验前需要用 $KMnO_4$ 对 H_2O_2 进行标定,再用已知浓度的 H_2O_2 溶液配制 5 mmol/L H_2O_2 的丙酮溶液,保证溶液浓度的准确性。H_2O_2 标定方法如下:

A. $KMnO_4$ 的标定。根据反应公式 $2MnO_4^- + 5C_2O_4^{2-} + 16H^+ = 2Mn^{2+} + 10CO_2 + 8H_2O$ 进行。称取 0.15~0.20 g 预先干燥过的草酸钠 ($Na_2C_2O_4$) 3 份,质量分别记录为 m_1、m_2、m_3,分别置于 250 mL 锥形瓶中,各加入 50 mL 蒸馏水和 25 mL 2 mol/L 的 H_2SO_4 溶液,于 75~85 ℃ 水浴。趁热用待标定的 $KMnO_4$ 溶液(称取 1 g $KMnO_4$,溶解于 100 mL 蒸馏水)进行滴定。开始时,滴定速度宜慢,在第一滴 $KMnO_4$ 溶液滴入后,不断摇动溶液,当紫红色退去后再滴入第二滴。溶液中有 Mn^{2+} 产生后,滴定速度可适当加快,近反应终点时,紫红色褪去很慢,应减慢滴定速度,同时充分摇动溶液。溶液呈现微红色并在半分钟不褪色,即为反应终点。将所消耗的 $KMnO_4$ 溶液体积分别记录为 V_1、V_2、V_3,然后求平均值。滴定过程溶液温度不低于 60 ℃。

按照式(7-2)计算 $KMnO_4$ 溶液的浓度(单位:mol/L),记录为 C_{KMnO_4}:

$$C_{KMnO_4} = \frac{m \times 1\,000}{M \times 2.5 \times V} \qquad (7-2)$$

式中,m 指 $Na_2C_2O_4$ 质量,单位为 g,3 份 $Na_2C_2O_4$ 质量分别为 m_1、m_2、m_3;M 指 $Na_2C_2O_4$ 分子量,为 134 g/mol;V 指 3 次滴定消耗的 $KMnO_4$ 溶液的体积的平均值,单位为 mL;2.5 指反应式中 $C_2O_4^{2-}$ 与 MnO_4^- 摩尔数比值;1 000 指将 L 换算成 mL 的系数,1 L = 1 000 mL。

B. H_2O_2 浓度的标定:按照 $5H_2O_2 + 2MnO_4^- + 6H^+ = 2Mn^{2+} + 5O_2 + 8H_2O$ 反应原理进行。用移液管吸取 5 mL H_2O_2 待标定溶液,置于 100 mL 容量瓶中,加蒸馏水稀释至刻度,混合均匀。吸取 25 mL 上述稀释液 3 份,分别置于 3 个 250 mL 锥形瓶中,各加入 8 mL 2 mol/L 的 H_2SO_4 溶液,用标定好的 $KMnO_4$ 溶液滴定,记录消耗 $KMnO_4$ 溶液体积,取 3 次滴定的平均值,记录为 V(单位:mL),按照式(7-3)计算待测 H_2O_2 溶液的浓度,记录为 $C_{H_2O_2}$:

$$C_{H_2O_2} = V \times C_{KMnO_4} \times 2.5 \times 20 \qquad (7-3)$$

式中，V 指 3 次滴定消耗 $KMnO_4$ 溶液体积的平均值，单位为 mL；C_{KMnO_4} 指按步骤 A. 标定获得的 $KMnO_4$ 溶液浓度；2.5 指反应式中 H_2O_2 与 MnO_4^- 摩尔数比值；20 指将 5 mL 的待测 H_2O_2 溶液换算成 100 mL 稀释倍数。

根据 $C_{H_2O_2}$（单位：mol/L），用标定好的 H_2O_2 溶液配制浓度为 5 mmol/L 过氧化氢 – 丙酮溶液。

实验步骤

（1）制作标准曲线。取 6 支试管，编号为 1～6，按照表 7-3 列出的数字，向每支试管加入相应体积的 5 mmol/L 过氧化氢 – 丙酮溶液和 –20 ℃预冷丙酮，使每支试管中的 H_2O_2 溶液浓度分别为 0 mmol/mL、1 mmol/mL、2 mmol/mL、3 mmol/mL、4 mmol/mL、5 mmol/mL；再向每支试管中加入体积比浓度为 10% 的四氯化钛 – 盐酸溶液 0.1 mL 和浓氨水 0.2 mL，混匀；反应 5 min 后，在 12 000 r/min、4 ℃条件下离心 15 min，弃上清液，留沉淀；分别向各离心管沉淀中加入 2 mol/L 的 H_2SO_4 溶液 3 mL，摇动，使沉淀完全溶解，然后测定波长为 412 nm 处的吸光值（OD），将所得 OD 填入表 7-3 中；以 H_2O_2 含量（单位：mmol）为横坐标，以测得的 OD 为纵坐标，用 Excel 软件制得 H_2O_2 浓度与吸光值标准曲线。

表 7-3 H_2O_2 含量测定的标准曲线制作

试管	5 mmol/L 过氧化氢 – 丙酮溶液体积/mL	预冷丙酮体积/mL	H_2O_2 含量/mmol	OD_1	OD_2	OD_3	OD 平均值
1	0	1.0	0				
2	0.2	0.8	1				
3	0.4	0.6	2				
4	0.6	0.4	3				
5	0.8	0.2	4				
6	1.0	0.0	5				
标准曲线 R^2 =							

(2) 植物提取液的制备。取不同瓶插天数的花瓣（或其他植物组织）1 g（记录为 m），先加入 1 mL 预冷丙酮，在通风橱中冰浴条件下充分研磨，在 12 000 r/min、4 ℃条件下离心 20 min，取上清液定容至 2 mL，此液即为 H_2O_2 含量待测液，记录为 V。

(3) 样品提取液 H_2O_2 含量的测定。取 1 mL 样品提取液（记录为 V_s），加入 0.1 mL 体积比浓度为 10% 的四氯化钛-盐酸溶液、0.2 mL 浓氨水，混匀；反应 5 min 后，在 12 000 r/min、4 ℃条件下离心 15 min，弃上清液，留沉淀；然后用 1 mL 20 ℃预冷丙酮将沉淀物反复吹洗并于 4 ℃下离心 2~3 次，每次 15 min，直到除去色素；最后加入 3 mL 2 mol/L 硫酸溶液，摇动，使沉淀完全溶解；在波长为 412 nm 处测定吸光值（OD），将实验数据记录入表 7-4 中。根据所测得的 OD，从标准曲线中查出样品反应液的 H_2O_2 浓度，记录为 n。

(4) 结果计算。根据反应原理计算出不同处理的植物组织中 H_2O_2 含量，将实验结果记录于表 7-4 中。

$$H_2O_2 \text{ 含量} = \frac{n \times V}{V_s \times m} \qquad (7-4)$$

式中，n 指标准曲线查得的样品中 H_2O_2 的含量，单位为 μmol；V 指样品提取液总体积，本实验中为 2 mL；V_s 指用于反应样品液体积，本实验中为 1 mL；m 指植物组织鲜重，本实验中为 1 g。

表 7-4　不同瓶插时间植物花瓣产生 H_2O_2 的变化

瓶插天数/d	OD	提取液 H_2O_2 含量 n/μmol	样品 H_2O_2/(μmol·g^{-1})
0			
2			
4			
6			
8			

注：不同植物的花朵发育进程不一样，根据具体品种设定取材时间。

注意事项

（1）可用5%硫酸钛溶液代替10%四氯化钛溶液进行实验，在配制四氯化钛溶液时，一定要在通风橱中小心仔细地操作。

（2）在测定过程中加入四氯化钛溶液和浓氨水时，要将它们直接加入试管内的溶液中，避免挂壁，并应迅速混匀。过氧化物-钛复合物黄色沉淀溶解于硫酸需一定时间，必须等待沉淀完全溶解，否则会影响比色测定的结果。

实验36　植物细胞质膜透性的检测

实验原理

植物细胞膜对维持细胞的微环境和正常的代谢起着重要的作用，是分隔细胞质和细胞外成分的屏障。完整的细胞膜对物质具有选择透性能力，当植物受到逆境影响时，如高温或低温，干旱、盐渍、病原菌侵染后，细胞膜遭到破坏，膜透性增大，从而使细胞内的电解质外渗，以致植物细胞浸提液的电导率值增大。细胞膜透性变得愈大，表示细胞受害愈重，细胞对逆境的抗性愈弱，反之则细胞受害轻、抗性强。通过测定外渗液电导率的变化，可以判断逆境对植物组织的受伤害程度和抗逆性的大小。

实验材料、器材与试剂

【实验材料】取在不同瓶插时间的花瓣或其他受逆境胁迫的植物组织，比如盐胁迫、高温、冻害等情况下的植物组织。

【实验器材】电导仪、天平、温箱、真空干燥器、抽气机、恒温水浴锅。

实验步骤

（1）材料的选取。取不同瓶插天数的花瓣，用蒸馏水漂洗数次，再用重蒸馏水漂洗 1 次，用吸水纸吸干水分，剪取花瓣 3 份，每份 2 g，分别放入盛有 20 mL 重蒸馏水的三角瓶中，放入真空干燥器，用抽气机抽气 7～8 min 以抽出细胞间隙中的空气；重新缓缓放入空气，水即被压入组织中而使花瓣下沉。

（2）在 20～30 ℃条件下，将抽过气的小烧杯取出，静置 20 min，然后用玻棒轻轻搅动叶片，用电导仪测定浸泡液电导率。

（3）将装有花瓣组织的锥形瓶沸水浴 15 min，以杀死植物组织，取出放入自来水浴冷却 10 min，用电导仪测煮沸液电导率。

（4）取重蒸馏水 3 份，用电导仪测定空白液电导率。

（5）根据式（7-5）计算样品材料的相对电导率，实验结果计算填入表 7-5。

$$相对电导率 = \frac{浸泡液电导率 - 空白液电导率}{煮沸液电导率 - 空白液电导率} \times 100\% \qquad (7-5)$$

表 7-5　不同瓶插天数花瓣细胞膜透性的变化

瓶插天数/d	空白液/($\mu S \cdot cm^{-1}$)	浸泡液/($\mu S \cdot cm^{-1}$)	煮沸液/($\mu S \cdot cm^{-1}$)	相对电导率/%
0				
2				
4				
6				
8				

注：不同植物的花朵发育进程不一样，根据具体品种设定取材时间。

注意事项

本实验方法对水和容器的洁净度要求严格，所用的容器必须清洗后，用重蒸馏水或者去离子水冲净，倒置晾干后备用。在实验过程中，也要避免可能引起溶液电导率变化的因素干扰，如细胞呼吸产生的 CO_2 溶解到溶液中后会产生 H^+ 和 HCO_3^-，这也会引起溶液的电导率变化。温度对电导率的影响很大，因此，在测定时，尽量在温度比较稳定的环境中进行。

实验37　植物丙二醛含量的测定

实验原理

植物衰老或受到逆境伤害时，植物组织内自由基积累，引起细胞膜脂发生过氧化反应，积累丙二醛（malondialdehyde，MDA）。细胞受到伤害越深，丙二醛的含量越大，因此丙二醛的含量反应了细胞膜脂过氧化的程度，与植物衰老及逆境伤害有密切关系。在酸性和高温条件下，丙二醛与硫代巴比妥酸（TBA）产生显色反应，生成红棕色的三甲川（3，5，5 - 三甲基噁唑 - 2，4 - 二酮），三甲川在波长 532 nm 处有最大吸收峰值。由于植物材料中含有可溶性糖，也可与 TBA 发生反应，反应产物在 532 nm 处也有吸收，但是该产物在波长 450 nm 处有最大的吸收，因此，可根据朗伯 - 比尔定律，采用双组分分光光度法分别求出 MDA 和可溶性糖的含量。

实验材料、器材与试剂

【实验材料】取在不同瓶插时间的花瓣或其他受逆境胁迫的植物组织，比如 NaCl 胁迫、高温、冻害等情况下的植物组织。

【实验器材】离心机、分光光度计、电子天平、恒温水浴、研钵、试管、移液管、试管架、洗耳球、剪刀等。

【实验试剂】（1）体积比浓度为 10% 的三氯乙酸（TCA）溶液。取 10 mL TCA，加蒸馏水定容至 100 mL。

（2）0.6% 硫代巴比妥酸（TBA）溶液。称取 0.6 g 硫代巴比妥酸，逐滴滴加 NaOH 溶液（浓度约为 1 mol/L），直到硫代巴比妥酸溶解，再用

10%三氯乙酸（TCA）溶液定容至100 mL。

实验步骤

（1）丙二醛的提取。取花瓣1 g，加入少量石英砂和10%三氯乙酸溶液2 mL，研磨至匀浆，再加8 mL 10%三氯乙酸溶液进一步研磨，将匀浆以4 000 r/min离心10 min，上清液为丙二醛提取液，记录为V。

（2）显色反应及测定。取4支干净试管，编号为0～3，0号对照管加蒸馏水2 mL，1～3号样品管分别加入提取液2 mL；然后各管中加入0.6%硫代巴比妥酸溶液2 mL，摇匀；混合液在沸水浴中反应15 min，迅速冷却后以4 000 r/min离心10 min。以0号试管为空白对照，测定其余3支试管溶液在波长532 nm和450 nm处的吸光值（OD），分别记录为OD_{532}和OD_{450}。将实验结果记录于表7-6中。

表7-6 不同瓶插天数花瓣丙二醛含量的变化

瓶插天数/d	重复	OD_{532}/nm	OD_{450}/nm	丙二醛含量/($\mu mol \cdot g^{-1}$)	平均值
0	1				
	2				
	3				
2	1				
	2				
	3				
4	1				
	2				
	3				
6	1				
	2				
	3				

注：不同植物的花朵发育进程不一样，根据具体品种设定取材时间。

（3）丙二醛含量计算。蔗糖-TBA反应产物在450 nm和532 nm处的摩尔吸收系数为85.4和7.4，MDA-TBA反应产物在532 nm的摩尔吸收系数为155 000。按双组分分光光度法原理，建立方程组，解此方程组即可求出MDA浓度：

$$\begin{cases} OD_{450} = C_{糖} \times 85.4 \\ OD_{532} = C_{糖} \times 7.4 + C_{醛} \times 155\,000 \end{cases}$$

求得

$$\begin{cases} C_{糖} = 0.011\,71 \times OD_{450} \\ C_{醛} = 6.45 \times 10^{-6} \times OD_{532} - 0.56 \times 10^{-6} \times OD_{450} \end{cases}$$

其中，$C_{糖}$指样品溶液的可溶性糖浓度，单位为μmol/L；$C_{醛}$指样品溶液的丙二醛浓度，单位为μmol/L。

根据植物组织的质量，按式（7-6）计算测定样品中MDA的含量（单位：μmol/g）：

$$植物组织中 MDA 含量 = \frac{C_{醛} \times V}{W} \times 1\,000 \qquad (7-6)$$

式中，$C_{醛}$指样品中溶液的丙二醛浓度，单位为μmol/L，$C_{醛} = 6.45 \times 10^{-6} \times OD_{532} - 0.56 \times 10^{-6} \times OD_{450}$；$V$指样品提取液体积，单位为mL，本实验中为样品离心后所得的体积；W指样品质量，本实验中为1 g。

教学建议

切花是研究植物衰老和死亡的模式材料，可通过连续进行取材用于研究植物器官在衰老过程的生理生化变化情况，但是需要提前进行准备。这个系列实验可供学生在课外开展探究性研究。

思考题

（1）为什么用于制作标准曲线的H_2O_2在使用前要先进行浓度标定？

（2）在进行电导率测定时，为什么要测定蒸馏水的电导率？

专题八　植物对逆境的适应

植物生长过程中经常会遇到干旱、低温、盐碱、病虫害、水涝等不良环境条件，即逆境条件。理解植物应答逆境胁迫伤害、适应性变化和驯化机制等诸多生理过程，并根据外界情况对植物的生长条件进行干预或者调控，对于提高农业产量和保护生态环境具有重要的意义。

植物可以在一定程度上忍受逆境的伤害，比如水分亏缺时，植物通过暂时的叶片萎蔫，减少叶片失水和光的照射，降低了水分亏缺对叶片的伤害；通过调整细胞周期和细胞分裂、细胞内膜系统和液泡、细胞壁的结构等变化，提高细胞的耐受性；通过提升细胞内的脯氨酸、甜菜碱等渗透调节物质含量，降低细胞的渗透势，提升细胞的保水能力。植物还会通过相关基因的表达，合成相关的逆境应答蛋白，提升植物对逆境的抵抗能力。有些植物有时还会通过避逆的方式来适应外界条件，比如沙漠地带的一些植物会选择在雨季完成自己的整个生命周期，在干旱季节以休眠的方式度过。

在正常情况下，植物细胞的活性氧处于动态平衡状态，但在逆境条件下，植物细胞清除活性氧的抗氧化系统能力下降，造成活性氧的大量积累，会引发或加剧细胞脂质过氧化作用，导致细胞膜产生大量脂质过氧化产物丙二醛（MDA），细胞膜结构破坏，透性增大，功能受损，造成细胞的功能紊乱。植物体内具有的抗氧化酶系统和抗氧化剂类物质可以清除植物组织内产生的活性氧。抗氧化酶类主要有超氧歧化酶（superoxide dismutase, SOD）、过氧化氢酶（catalase, CAT）、过氧化物酶（peroxidase, POD）、谷胱甘肽还原酶（GR）；抗氧化剂类主要有抗坏血酸（维生素C）、还原性谷胱甘肽、茶多酚、维生素 E 等。

适度的胁迫条件，可锻炼和增加植物对逆境的抵抗能力；在生产上，常常会创造一定的条件或采取一定的措施，增加植物对逆境的抵抗能力，例如"蹲苗"锻炼、施用植物激素、通过基因工程技术转入抗性基因等。

在进行植物抗逆能力评估或者观察逆境对植物造成的伤害时，常常从植物体内渗透调节物质含量、激素变化、膜结构及抗活性氧酶系统的变化等方面进行检测，比如脯氨酸的含量、膜透性、丙二醛含量、SOD 酶的活性等。

实验 38　脯氨酸含量的测定

实验原理

正常情况下，植物体（干样）内游离脯氨酸含量为 200～600 μg/g，但当植物受到不同环境因素胁迫时，植物体中游离脯氨酸的含量增加，引起游离脯氨酸大量积累，且积累指数与植物的抗逆性有关，植物体内脯氨酸含量常用于描述植物抗逆性的重要生理指标。

在酸性条件下，脯氨酸和茚三酮反应产生稳定的红色络合物，该物质在波长520 nm 处有一最大的吸收峰值，在一定范围内脯氨酸的浓度与吸光值成正比。

可用乙醇法和磺基水杨酸法提取样品中的游离脯氨酸。与乙醇法相比，磺基水杨酸法提取耗时短，提出的杂质少，不受样品状态（干样或鲜样）限制，不需要加活性炭去杂质，操作简便，准确可靠，适用于大批量样品的测定。

实验材料、器材与试剂

【实验材料】植物叶片。

【实验器材】分光光度计、离心机、水浴锅、旋涡振荡器、研钵、烧杯、移液管、容量瓶、具塞试管。

【实验试剂】（1）甲苯、冰乙酸、乙醇。

（2）30 g/L 磺基水杨酸水溶液。称取 3 g 磺基水杨酸，用蒸馏水溶解，定容至 100 mL。

（3）25 g/L 酸性茚三酮试剂。称取 2.5 g 茚三酮放入烧杯，加入 60 mL 冰乙酸和 40 mL 6 mol/L 磷酸溶液，70 ℃下加热溶解，冷却后储于棕色瓶，4 ℃下贮存 2～3 d 有效。

（4）100 μg/mL 标准脯氨酸溶液的配制。称取 10 mg 脯氨酸溶于 100 mL 80% 乙醇溶液中。

实验步骤

（1）标准曲线的制作。用 100 μg/mL 标准脯氨酸溶液分别配制成 0 μg/mL、2 μg/mL、4 μg/mL、6 μg/mL、8 μg/mL、10 μg/mL 的标准溶液；取 6 支试管，编号为 1～6，分别取上述各浓度的脯氨酸溶液 2 mL，加入各试管中；再分别往每支试管中加入 2 mL 冰乙酸、4 mL 酸性茚三酮试剂和 2 mL 磺基水杨酸溶液，摇匀；在沸水浴中加热显色 60 min，冷却至室温；加入 4 mL 甲苯，充分振荡后静置，使红色物质全部萃取入甲苯层；用滴管或注射器轻轻吸取红色的甲苯溶液于比色皿中，在波长 520 nm 处测定吸光值（OD）；以吸光值为纵坐标，脯氨酸含量为横坐标，绘制标准曲线，将实验数据记录于表 8-1 中。

表 8-1 脯氨酸含量测定的标准曲线绘制

试管编号	脯氨酸浓度/(μg·mL^{-1})	OD_1	OD_2	OD_3	OD 平均值
1	0				
2	2				
3	4				
4	6				
5	8				
6	10				
样品					
标准曲线 $R^2=$					

（2）植物组织中游离脯氨酸的提取。称取 0.5 g 植物叶片（记录为 W，

可根据实验材料脯氨酸含量情况调整取材的质量），加 5 mL 磺基水杨酸研磨，匀浆移至离心管中，并用适量磺基水杨酸冲洗研钵，在沸水浴中保持 10 min，冷却，用磺基水杨酸定容至 10 mL，以 3 000 r/min 离心 10 min，取上清液，体积记录为 V（单位：mL）。

（3）样品液中脯氨酸的测定。取提取液 2 mL 于具塞试管中，加入 2 mL 蒸馏水、2 mL 冰醋酸和 4 mL 酸性茚三酮试剂，摇匀，在沸水浴中保持 60 min，冷却至室温，加入 4 mL 甲苯，充分振荡，静置，红色的反应产物被萃取入甲苯层，吸取红色甲苯层于波长 520 nm 处测定吸光值，将 OD 记录到表 8 - 1 中。

（4）按照式（8 - 1）进行植物组织中脯氨酸含量的计算，将实验结果记录于表 8 - 1。

$$脯氨酸含量 = \frac{C \times V}{W} \quad (8-1)$$

式中，C 指从标准曲线查得的脯氨酸含量，单位为 μg/mL；V 指提取液总体积，本实验中为 10 mL；W 指样品质量，本实验中为 0.5 g。

注意事项

茚三酮溶液仅在 24 h 内稳定，现配现用。脯氨酸与茚三酮试剂在 100 ℃ 条件下的反应时间要严格控制，不宜过久，否则会引起沉淀。

实验 39　超氧化物歧化酶活性的测定

实验原理

超氧化物歧化酶（SOD）普遍存在于动植物与微生物体内，它能够催化超氧阴离子自由基（$O_2^{·-}$）歧化生成 O_2 和 H_2O_2，终止 $O_2^{·-}$ 引起的一系列自由基连锁反应，减轻细胞膜脂过氧化程度。SOD 是自然界唯一的以氧自由基为底物的酶，它与过氧化氢酶（CAT）、过氧化物酶（POD）等酶协同作用防御活性氧或其他过氧化物自由基对细胞膜系统的伤害，从而减少对有机体的伤害，在生物体内的氧化与抗氧化平衡中起到至关重要的作用。

SOD 催化的反应式为 $2O_2^{\cdot -} + 2H^+ \rightarrow H_2O_2 + O_2$，通过 $O_2^{\cdot -}$ 含量变化可判断 SOD 活性。但生物体内的 $O_2^{\cdot -}$ 非常不稳定，寿命极短，很难直接测定 $O_2^{\cdot -}$ 含量的变化，通常采用间接方法进行 $O_2^{\cdot -}$ 含量变化的测定。

核黄素（riboflavin，RF）又称为维生素 B_2，是构成生物体内氧化还原过程中所必需的黄素辅酶的主要活性因子。分子中含有活泼的共轭双键，既可作 [H] 供体，又可作 [H] 传递体，容易受光激发，产生激发态 RF^*。RF^* 被氧气淬灭，随后将电子转移到 O_2 生成 $O_2^{\cdot -}$。生成的 $O_2^{\cdot -}$ 能直接损伤生物分子，如果有 Fe^{2+} 存在，还可转变成高活性的羟自由基（·OH）。亲电子的氮蓝四唑可被 $O_2^{\cdot -}$ 还原。

利用上述原理，可用间接方法进行 SOD 活性测定，实验方案如下：

（1）光照条件下，核黄素被光激发，在有氧条件下产生 $O_2^{\cdot -}$。

（2）加入氮蓝四唑（NBT），$O_2^{\cdot -}$ 可将 NBT 还原为蓝色的甲䏡，蓝色甲䏡在波长 560 nm 处有最大光吸收。

（3）SOD 通过淬灭 $O_2^{\cdot -}$，从而抑制 NBT 形成甲䏡。反应液蓝色越深，说明酶活性越低；反应液蓝色越浅，说明酶活性越高。通过测定甲䏡含量的变化可间接确定 SOD 活性的大小。酶活性与抑制 NBT 光还原的相对百分率在一定范围内呈正相关关系，常常将抑制 50% 的 NBT 光还原反应时所需要的酶量作为一个酶活性单位（U）。

实验材料、器材与试剂

【实验材料】植物叶片、花朵等。

【实验器材】冰箱、高速低温离心机、微量加样器、移液管、精密电子天平、分光光度计、试管、研钵、剪刀、镊子、光照箱、容量瓶。

【实验试剂】（1）50 mmol/L 磷酸缓冲液（pH = 7.8），按照附录一进行配制。

(2) 酶提取缓冲液。称取二硫苏糖醇（DTT）77 mg、聚乙烯吡咯烷酮（PVP）5 g，加入磷酸缓冲液定容至 100 mL，摇匀，即得酶提取缓冲液（含 5 mmol/L DTT 和 5% PVP），低温（4 ℃）贮藏备用。

(3) 130 mmol/L 甲硫氨酸（MET）溶液。称 1.94 g 的 MET 用磷酸缓冲液（pH = 7.8）溶解，定容至 100 mL，充分混匀（现配现用）。低温保存，可使用 1～2 d。

(4) 750 μmol/L 氮蓝四唑（NBT）溶液。称取 61.33 mg NBT，用磷酸缓冲液溶解定容至 100 mL，充分混匀，低温避光保存，可使用 2～3 d。

(5) 100 μmol/L EDTA-Na_2 溶液。称取 33.6 mg EDTA-Na_2，用磷酸缓冲液溶解，定容至 1 000 mL。

(6) 20 μmol/L 核黄素溶液。称取 75.3 mg 核黄素，用磷酸缓冲液溶解，定容至 100 mL，使用时稀释 100 倍，低温避光保存，现配现用。

实验步骤

(1) 酶液的提取。称取植物叶片（去叶脉）0.5～1.0 g，加 5 mL 预冷的 50 mmol/L 磷酸缓冲液，于冰浴条件下研磨成浆。将匀浆取全部转入离心管中，于 4 ℃、12 000 r/min 条件下离心 30 min，收集上清液，上清液即为 SOD 粗提液，低温保存备用，测量提取液总体积，记录为 V。

(2) 酶促反应液的配制。取 5 mL 的试管（要求透明度好）5 支，按照表 8-2 所列内容加入各种溶液（注意最后加入核黄素溶液），其中 2 支为对照管（标记为：$1_{暗}$、$2_{光}$），3 支为样品管（标记为：$3_{测}$、$4_{测}$、$5_{测}$）。

(3) 酶活性的测定。混匀后将 $1_{暗}$ 号试管置于暗处，其他各管置于 4 000 lx 日光灯下反应 15 min 后，立即置于暗处终止反应。以 $1_{暗}$ 号试管作为空白对照，在波长 560 nm 处测定样品管的吸光值（OD_s）和对照管的吸光值（OD_c），将实验结果记录于表 8-2 中。

表 8-2 SOD 酶反应液配方及酶活性测定

试剂	$1_{暗}$	$2_{光}$	$3_{测}$	$4_{测}$	$5_{测}$
50 mmol/L 磷酸缓冲液/mL	1.7	1.7	1.7	1.7	1.7
Met 溶液/mL	0.3	0.3	0.3	0.3	0.3
NBT 溶液/mL	0.3	0.3	0.3	0.3	0.3
EDTA-Na$_2$ 液/mL	0.3	0.3	0.3	0.3	0.3
磷酸缓冲液/mL	0.1	0.1	—	—	—
酶提取液 Vs/mL	—	—	0.1	0.1	0.1
核黄素溶液/mL	0.3	0.3	0.3	0.3	0.3
OD_c			—	—	—
OD_s					
样品 SOD 活性/U	—	—			

（4）SOD 活性测定与计算。以每分钟每克植物组织（鲜重）的反应体系对 NBT 光化还原抑制 50% 为一个 SOD 活性单位（U），按式（8-2）计算，将实验结果记录于表 8-2。

$$\text{SOD 活性} = \frac{(OD_c - OD_s) \times V}{0.5 \times OD_c \times V_s \times t \times m} \tag{8-2}$$

式中，OD_c 指对照管的吸光值；OD_s 指样品管的吸光值；V 指样品液总体积，单位为 mL；V_s 指测定时所取样品提取液体积，本实验中为 0.1 mL；t 指光照反应时间，本实验中为 15 min；m 指样品鲜重，本实验中为实际取得的植物叶片 0.5～1.0 g。

注意事项

（1）通过预实验，确定显色反应所需的时间。

（2）当测定样品数量较大时，可在临用前根据用量将表中各试剂（酶液和核黄素除外）按比例混合后一次加入 2.6 mL（总体积为 3 mL），然后依次加入核黄素和酶液，使终浓度不变，其余各步骤与上相同。

（3）要求各管受光情况一致，所有反应管应排列在与日光灯管平行的直线上。反应温度控制在25 ℃，视酶活性高低调整反应时间。温度较高时，光照时间应缩短；温度较低时，光照时间应延长。

（4）所用反应管要洁净透明，透光性好。用浅底广口的小玻璃皿照光更好。

（5）植物线粒体内的SOD酶浓度较高，因此要研磨充分，利于SOD酶释放。

实验40　过氧化物酶活性的测定

实验原理

过氧化物酶（POD）广泛存在于植物体中，该酶催化H_2O_2氧化，以清除H_2O_2对细胞生物功能分子的破坏作用。在有H_2O_2存在条件下，过氧化物酶使愈创木酚氧化，生成茶褐色物质，可用分光光度计测定470 nm处茶褐色物质的生成量以检测POD活性。

$$4HO\text{—}C_6H_4\text{—}OCH_3 + 4H_2O_2 \xrightarrow{POD} \begin{array}{c} O\text{—}C_6H_3(OCH_3)\text{—}C_6H_3(OCH_3)\text{—}O \\ | \qquad\qquad\qquad\qquad\qquad\qquad\qquad | \\ O\text{—}C_6H_3(OCH_3)\text{—}C_6H_3(OCH_3)\text{—}O \end{array} + 8H_2O$$

实验材料、器材与试剂

【实验材料】植物叶片或其他组织。

【实验器材】电子天平、离心机、研钵、烧杯、移液管、紫外分光光度计、微量加样器（1 mL）、玻璃棒、剪刀、镊子、容量瓶。

【实验试剂】（1）新鲜的30% H_2O_2溶液。

（2）20 mmol/L KH_2PO_4溶液。称取2.72 g KH_2PO_4，用蒸馏水溶解，定容至1 000 mL。

（3）100 mmol/L 磷酸缓冲液（pH = 6.0）。配制方法参考附录一。

(4) 反应混合液。取 100 mmol/L 磷酸缓冲液（pH=6.0）5 mL，加入愈创木酚 28 μL，加热搅拌溶解。待溶液冷却后，加入 30% H_2O_2 溶液 19 μL 混合摇匀，低温保存，现用现配。

实验步骤

（1）POD 酶液的提取。称取植物叶片 0.5 g，加入 10 mL 预冷的 20 mmol/L KH_2PO_4 溶液，于预冷的研钵中研磨成匀浆，4 000 r/min 离心 15 min，收集上清液，体积记录为 V，低温保存。

（2）POD 活性的测定。取比色皿 2 支，一支中加入 3 mL 配制好的反应混合物和 1 mL KH_2PO_4 溶液作为对照；另一支中加入 3 mL 反应混合液和 1 mL 上述酶液，立即测定波长 470 nm 处吸光值，每隔 1 min 读数 1 次，直到读数不再增加。以吸光值为纵坐标，时间为横坐标，制作反应曲线。取反应曲线"线性段"的时间和吸光值用于材料酶活性的计算，"线性段"反应时间的判断方法参考实验 20。

（3）计算所测植物材料的 POD 活性。以每分钟每克材料吸光值（OD）变化 0.01 为一个 POD 活性单位（U），将实验结果记录于表 8-3 中。

$$POD 活性 = \frac{\Delta OD \times V}{0.01 \times V_s \times m \times t} \quad (8-3)$$

式中，ΔOD 指反应体系的吸光值在"线性段"时间每分钟的变化值；V 指样品提取液总体积，单位为 mL；V_s 指测定时所取样品提取液体积，本实验中为 1 mL；m 指样品质量，本实验中为 0.5 g；t 指反应时间，单位为 min，本实验中为 1 min。

表 8-3　植物叶片 POD 酶活性的测定

反应时间/min	OD	反应时间/min	OD
1		7	
2		8	
3		9	
4		10	
5		11	
6		12	
POD 活性 =			

实验 41　过氧化氢酶活性的测定

实验原理

过氧化氢酶（CAT）属于血红蛋白酶，含有铁，位于微体（过氧化物体、乙醛酸循环体及相关氧化酶定位的细胞器）中。其重要功能是在叶中除去光呼吸时产生的 H_2O_2，催化体内积累的 H_2O_2 分解为水和氧分子，从而减少 H_2O_2 可能对植物组织造成的氧化伤害。

在过氧化氢酶催化 H_2O_2 分解为水和氧分子的过程中，该酶起电子传递作用，H_2O_2 既是氧化剂又是还原剂，$2H_2O_2 \rightarrow 2H_2O + O_2$，根据反应过程中 H_2O_2 的消耗量来测定该酶的活性。H_2O_2 在波长 240 nm 处具有吸收值，根据吸光值的变化可以检测植物体内 H_2O_2 含量的变化。

实验材料、器材与试剂

【实验材料】植物叶片、花瓣或其他材料。

【实验器材】研钵、高速低温离心机、紫外分光光度计、计时器、移液器、离心管、石英比色皿、剪刀、镊子、精密电子天平、容量瓶、烧杯。

【实验试剂】（1）0.1 mol/L 磷酸缓冲液（pH = 7.5）。配制方法见附录一。

（2）酶提取缓冲液。称取 0.154 g DTT、10 g PVP，加入 0.1 mol/L 磷酸缓冲液（pH = 7.5）定容至 200 mL，摇匀，即得酶提取缓冲液，低温（4 ℃）贮藏备用。

（3）20 mmol/L H_2O_2 溶液。按照实验 35 中的方法对 H_2O_2 溶液进行标定，用标定好浓度的 H_2O_2 溶液配制 20 mmol/L H_2O_2 溶液，现用现配，低温避光保存。

实验步骤

（1）CAT 酶液的提取。称取植物材料 2 g，加 5 mL 预冷的酶提取缓冲液，于冰浴条件下研磨成浆，研磨均匀。将匀浆取全部转入离心管中，在 4 ℃、12 000 r/min 的条件下离心 20 min，收集上清液，上清液即为 CAT 粗提液。测量提取液总体积，记录为 V，低温保存备用。

（2）酶活性的测定。酶促反应体系由 2.9 mL 20 mmol/L H_2O_2 溶液和 100 μL 酶提取液组成。以蒸馏水为空白对照。在反应 15 s 时开始记录反应体系在波长 240 nm 处的吸光值（OD），将其作为初始值，然后每隔 15 s 记录 1 次，连续测定至反应 180 s。重复 3 次，记录测定的数据于表 8 – 4 中。

表 8 – 4　植物叶片 CAT 酶活性的测定

反应时间/s	OD	反应时间/s	OD
0		90	
15		105	
30		120	
45		135	
60		150	
75		165	
CAT 活性/U			

（3）结果计算。记录反应体系在波长 240 nm 处的吸光值，制作吸光值随时间变化曲线，根据曲线的"线性段"反应时间计算每秒吸光值的变化值 ΔOD。

$$\Delta OD = (OD_2 - OD_1)/(T_2 - T_3) \qquad (8-4)$$

式中，OD_2 指"线性段"终止时的吸光值；OD_1 指"线性段"初始时的吸光值；T_3 指"线性段"反应的终止时间，单位为 s；T_2 指"线性段"反应的初始时间，单位为 s。

以每克植物组织样品（鲜重）每分钟吸光值变化值减少 0.01 为 1 个 CAT 活性单位（U），计算公式为

$$\text{CAT 活性} = \frac{\Delta OD \times V}{0.01 \times V_s \times m \times t} \qquad (8-5)$$

式中，V 指样品提取液总体积，单位为 mL；V_s 指测定时所取样品提取液体积，本实验中为 100 μL；m 指样品质量，本实验中为 2 g；t 指反应时间，单位为 min，本实验中为 1 min。

教学建议

实验前 1~2 周，用不同浓度 NaCl 溶液培养黄瓜或其他植物幼苗，培养方法参考实验 11 植物的缺素培养，培养液配方为含有 0 g/L、3 g/L、6 g/L、9 g/L、12 g/L、15 g/L NaCl 的 Hogland 溶液，Hogland 溶液稀释到 1/4 浓度；或者用其他逆境条件（如低温、干旱等）对植物进行处理。

思考题

（1）对植物进行盐胁迫时，盐浓度如何设计？设计的依据是什么？

（2）植物经过低盐浓度胁迫处理后，对盐地的适应能力会有怎样的变化？为什么？盐胁迫后，植物对其他逆境的适应能力是否会发生变化？如何验证你的假设？

（3）如何提升植物对逆境的抵抗能力？

专题九　植物组织培养技术

植物组织培养（plant tissue culture）是指植物的任何器官、组织或细胞，在人工预知的控制条件下，放在含有营养物质和植物生长调节物质等组成的培养基中，使其生长、分化形成完整植株的过程。在实践中，根据所培养的植物材料的不同，可以把组织培养分成5种类型，即愈伤组织培养、悬浮细胞培养、器官培养（胚、花药、子房、叶、根和茎等）、茎尖分生组织培养和原生质体培养。组织培养的理论基础是植物细胞的全能性。1902年，德国植物学家哈伯兰特（Haberlandt）在细胞学说的基础上，预言离体植物细胞具有发育上的全能性，其能够发育成为完整的植物体，并大胆提出可以在试管中人工培育植物。20世纪60年代以后，植物组织培养技术开始在生产上得到应用，并且逐渐朝着产业化方向发展。

植物组织培养既是快速繁殖良种、获得大量优质苗木的一种有效方法，又是改良植物品种、培育植物新品种的手段。组织培养主要应用于5个方面：植物育种、植物脱毒和快速繁殖、植物次生代谢产物生产、植物种质资源保存和交换，以及植物遗传、生理、生化和病理研究上的应用。植物组织培养技术通过人为控制培养条件，避免植物培养过程中受自然条件的影响，实现工业化生产；进行植物扩繁时，具有繁殖系数高、周期短和速度快的优点；通过茎尖培养可获得无毒苗株系；有利于培养物的储藏和种质库的建立。植物组织培养的材料取材丰富多样，用于科学研究时具有一定的优越性，可以在不受植物体其他部分干扰的情况下研究被培养部分（外植体，explant）的生长和分化的规律。

植物组织培养是一项细致有序的工作，其一般步骤为：培养基的配制、材料的准备与接种、愈伤组织的诱导、器官分化或体细胞胚的发生、离体植株的再生、驯化和移栽。在本专题中，以MS培养基为例，列举了

MS 培养基母液的配制、MS 培养基的配制与灭菌、外植体的消毒、接种和愈伤组织的诱导、愈伤组织的器官分化、细胞悬浮培养、体细胞胚胎的诱导、植株再生，以及原生质体的分离与纯化等植物组织培养技术流程。

实验 42　培养基母液的配制

实验原理

配制培养基时，为了使用方便和用量准确，通常采用母液法进行配制，即将所选培养基配方中各试剂的用量，扩大若干倍（一般为 10～200 倍）后再准确称量，先配制成一系列的母液置于冰箱中保存，使用时按比例吸取母液进行稀释配制即可。以 MS 培养基为例，需先配制大量元素母液、微量元素母液、铁盐母液和有机化合物母液等。另外，还要配制各种植物生长物质母液，根据不同的培养目的进行使用。

实验材料、器材与试剂

【实验器材】电子分析天平、烧杯（50mL、100 mL、500 mL、1 000 mL）、量筒（50mL、100 mL、1 000 mL）、容量瓶（100 mL、500 mL、1 000 mL）、磨口试剂瓶（500 mL、1 000 mL）、药勺、称量纸、玻璃棒、滴管、移液管、电磁炉、石棉网、洗耳球、冰箱。

【实验试剂】NH_4NO_3、KNO_3、$CaCl_2 \cdot 2H_2O$、$MgSO_4 \cdot 7H_2O$、KH_2PO_4、$MnSO_4 \cdot 4H_2O$、$ZnSO_4 \cdot 7H_2O$、H_3BO_4、KI、$Na_2MoO_4 \cdot 2H_2O$、$CuSO_4 \cdot 5H_2O$、$CoCl_2 \cdot 6H_2O$、$FeSO_4 \cdot 7H_2O$、$Na_2EDTA \cdot 2H_2O$、肌醇、烟酸、盐酸吡哆醇（维生素 B_6）、盐酸硫胺素（维生素 B_1）、甘氨酸、1mol/L 盐酸、1 mol/L NaOH 溶液，植物生长调节剂如 2，4－二氯苯氧乙酸（2，4－D），萘乙酸（NAA），6－苄基腺嘌呤（6－BA）等原装商品试剂。

配制 MS 培养基所需药品按培养基配方（表 9－1）准备。

表 9-1　MS 培养基母液配制表

成分	规定用量/$(mg \cdot L^{-1})$	扩大倍数	称取量/mg	母液定容体积/mL	每升培养基取母液量/mL
大量元素（母液Ⅰ）	—	10	—	1 000	100
NH_4NO_3	1 650	—	16 500	—	—
KNO_3	1 900	—	19 000	—	—
$CaCl_2 \cdot 2H_2O$	370	—	3 700	—	—
$MgSO_4 \cdot 7H_2O$	170	—	1 700	—	—
KH_2PO_4	440	—	4 400	—	—
微量元素（母液Ⅱ）	—	1 000	—	500	0.5
$MnSO_4 \cdot 4H_2O$	22.3	—	22 300	—	—
$ZnSO_4 \cdot 7H_2O$	8.6	—	8 600	—	—
H_3BO_4	6.2	—	6 200	—	—
KI	0.83	—	830	—	—
$Na_2MoO_4 \cdot 2H_2O$	0.25	—	250	—	—
$CuSO_4 \cdot 5H_2O$	0.025	—	25	—	—
$CoCl_2 \cdot 6H_2O$	0.025	—	25	—	—
铁盐（母液Ⅲ）	—	100	—	500	—
$FeSO_4 \cdot 7H_2O$	27.8	—	2 780	—	—
$EDTA-Na_2 \cdot 2H_2O$	37.3	—	3 730	—	—
有机成分（母液Ⅳ）	—	100	—	500	5
肌醇	100	—	10 000	—	—
烟酸	0.5	—	50	—	—
盐酸吡哆醇（维生素B_6）	0.5	—	50	—	—
盐酸硫胺素（维生素B_1）	0.1	—	10	—	—
甘氨酸	2	—	200	—	—

实验步骤

1. 大量元素母液的配制

根据表9-1中大量元素的成分，用电子分析天平称取各试剂相应的质量，分别用50～100 mL蒸馏水溶解。先加200～300 mL蒸馏水入1 000 mL的容量瓶中，再按表中试剂顺序逐步加入溶解好的各种试剂，充分混合均匀，用蒸馏水定容至1 000 mL，即得10倍浓度的大量元素母液。将所得母液倒入磨口试剂瓶中，贴上标签，注明配制母液名称、每升培养基取液量、日期等，置于4 ℃的低温条件保存备用。

配制大量元素母液时，混合、溶解各种无机盐时要注意先后顺序，尽量把Ca^{2+}、SO_4^{2-}、Mg^{2+}和PO_4^{3+}等离子错开分别溶解，同时稀释度要大一些，并边混合边慢慢地搅拌。

2. 微量元素母液的配制

根据表9-1中微量元素的成分，用电子分析天平称取各试剂相应的质量，分别用30～40 mL蒸馏水溶解；往500 mL的容量瓶中加入100～150 mL；再依次加入溶解好的各种试剂，一边加一边混合均匀，最后用蒸馏水定容至500 mL，即得1 000倍浓度的微量元素母液。将所得母液倒入磨口试剂瓶中，贴上标签，注明配制母液名称、每升培养基取液量、日期等，置于4 ℃的低温条件保存备用。

3. 铁盐母液的配制

将称好的$FeSO_4 \cdot 7H_2O$和$EDTA-Na_2 \cdot 2H_2O$分别置入200 mL蒸馏水中，边加热边不断搅拌使之溶解，然后将它们混合，并将溶液pH调至5.5，最后用蒸馏水定容至500 mL，保存在棕色玻璃瓶中。贴上标签，注明配制母液名称、每升培养基取液量、日期等，置于4 ℃的低温条件保存备用。

在配制铁盐时，如果加热搅拌时间过短，可能造成$FeSO_4 \cdot 7H_2O$和$EDTA-Na_2 \cdot 2H_2O$螯合不彻底，此时若将其冷藏，$FeSO_4$会结晶析出。为避免此现象发生，配制铁盐母液时，$FeSO_4 \cdot 7H_2O$和$EDTA-Na_2 \cdot 2H_2O$应分别加热溶解后混合，并置于加热搅拌器上不断搅拌至溶液呈金黄色（加热 20～30 min），调 pH 至 5.5，室温放置冷却后，置于 4 ℃ 的低温条件保存备用。

4. 有机成分母液的配制

根据表 9-1 中各有机成分的含量，分别用电子分析天平称取相应的质量，用适量蒸馏水完全溶解并定容至 500 mL，装入 500 mL 的磨口试剂瓶中，贴上标签，注明配制母液名称、每升培养基取液量、日期等，置于 4 ℃ 的低温条件保存备用。

5. 植物生长调节剂母液的配制

水剂型的植物生长调节剂在组织培养中既使用方便，又消毒简单，故在配制培养基前将常用的植物生长调节剂，如 2, 4 - D，NAA，6 - BA 等配制成 500 mg/L 的母液。植物生长调节物质的配制方法参考专题六中的实验 27。

（1）生长素类植物生长调节剂有 2, 4 - D、NAA、IAA（吲哚 - 3 - 乙酸）、IBA（吲哚丁酸）等。以 500 mg/L 的生长素母液为例，准确称取生长素 50 mg，用少量碱溶液（如 1 mol/L NaOH 溶液或 KOH 溶液）溶解，使之中和成为钠盐或钾盐，在蒸馏水中溶解，再加蒸馏水定容至 100 mL，即配成浓度为 500 mg/L 的母液。转入棕色试剂瓶中，贴上标签，注明名称、浓度和配置日期，放在 4 ℃ 的低温条件保存。

（2）细胞分裂素类植物生长调节剂有 6 - BA，KT（激动素）、TDZ 等。以 500 mg/L 的 6 - BA 母液为例，准确称取 6 - BA 试剂 50 mg，加入少量 95 % 乙醇溶液或无水乙醇或稀盐酸（1 mol/L HCl 溶液）使之完全溶解后，再加蒸馏水定容至 100 mL，即配成浓度为 500 mg/L 的母液。转入棕色试剂瓶中，贴上标签，注明名称、浓度和配置日期，放在 4 ℃ 的低温条件保存。

实验43　培养基的配制与灭菌

实验原理

组织培养所用的培养基含有植物细胞生长所需的各类营养物质，同时也是各种细菌、真菌滋生繁殖的极好场所，因此必须对培养基等进行灭菌处理，以确保无菌操作的顺利进行。

实验材料、器材与试剂

【实验器材】 电子分析天平、烧杯、量筒、药勺、称量纸、玻璃棒、移液管、电磁炉、石棉网、洗耳球、酸度计或精密pH试纸（5.4～7.0）、果酱瓶、冰箱、高压灭菌锅。

【实验试剂】（1）蔗糖、琼脂条或琼脂粉、1 mol/L 盐酸、1 mol/L NaOH 溶液、MS 基本培养基各母液（表 9-1）。

（2）500 mg/L 2, 4-D 母液。配制方法见实验 42 中植物生长调节剂母液的配制。

实验步骤

1. 培养基的配制

以配制胡萝卜块根愈伤组织诱导培养基 MS + 1.0 mg/L 2, 4-D + 30 g/L 蔗糖 + 7 g/L 琼脂（pH = 5.8）1 000 mL 为例，以下为培养基的配制过程。

（1）将所需的各贮存母液按顺序放好，将洁净的各种玻璃器皿，如量筒、烧杯、移液管、玻璃棒、漏斗等放在指定的位置。根据所需配制的培养基用量，所需的各种母液的扩大倍数，分别计算需吸取各母液的体积（单位：mL）。

本实验需配制 1 000 mL 内含 1.0 mg/L 2,4-D 的 MS 培养基，所需吸取的各种母液用量见表 9-2。

表 9-2 配制 1 000 mL MS+2,4-D 1.0 mg/L 培养基的母液用量

母液名称	扩大倍数	母液定容体积/mL	母液浓度/(mg·L^{-1})	配制 1 000 mL 培养基吸取量/mL
大量元素	10	1 000	—	100
微量元素	1 000	500	—	0.5
有机成分	100	500	—	5
铁盐	100	500	—	5
2,4-D	—	—	500	2

（2）称出 7 g 的琼脂条或琼脂粉，用剪刀剪成小段置于 1 000 mL 的烧杯中，加入蒸馏水直到培养基最终容积的 3/4，在电磁炉上加热使之溶解。待琼脂完全溶化后，加入 30 g 的蔗糖，充分溶解。

（3）依次加入大量元素母液 100 mL、微量元素母液 5 mL、有机成分母液 5 mL、铁盐母液 5 mL 和 2,4-D 母液 2 mL，每加一样母液，搅拌均匀后再加另一样（注意：各母液移液管不能混用），加蒸馏水定容至 1 000 mL。

（4）用 1 mol/L 盐酸或 1 mol/L NaOH 溶液将培养基的 pH 调至 5.8～6.0。

（5）将配制好的培养基分装入 100 mL 果酱瓶中，每瓶装 25～30 mL 培养基。分装培养基时，切勿将培养基沾到瓶口或瓶外壁上。培养基分装完后，盖好瓶盖，用记号笔在瓶盖上注明培养基名称、配制者姓名等，待灭菌用。

2. 培养基的灭菌

（1）把分装好的培养基及其他需灭菌的各种用具（如用报纸包好的接种盘、培养皿、微孔滤器等）和装有蒸馏水的果酱瓶等放入高压灭菌锅的金属小筐中。向高压灭菌锅内加入适量的蒸馏水（直接添加自来水会生成水垢，缩短高压锅的使用寿命），注意加水量不可过少，以防灭菌锅烧干而引起炸裂事故（不同类型的高压灭菌锅有自己的使用方法，灭菌前需

要熟悉使用说明)。将装好的金属小框放入灭菌锅中,盖上锅盖。

(2) 在 121 ℃ (1.06 kg/cm² 或 0.105 MPa) 下灭菌 15～20 min。灭菌结束后,切断电源,让锅内气压自然下降,待压力表指针归零后,再打开气阀,排出剩余蒸汽,打开锅盖取出培养基。

注意:灭菌时间太长会使培养基中的一些化学物质遭到破坏,影响培养基的成分;时间太短又达不到灭菌效果。过早开阀放汽会造成锅内气压骤降,引起培养基沸腾外溢,后期培养时易造成培养基的污染。

(3) 将灭菌的培养基放在室温下冷却,放置于培养房的培养架上 2～3 d,观察有无菌类生长,以确定培养基是否彻底灭菌。经检查没有杂菌污染,方可使用。另外,灭菌的培养基一般应在 1～2 周内用完,短时间可存放于室温条件,如不能尽快用完,应放在 4 ℃ 的低温条件下保存。

实验 44　外植体的消毒、接种与愈伤组织的诱导

实验原理

由于培养基中含有丰富的蔗糖、氨基酸等有机营养物,而且是在合适的环境中,极易引起微生物的大量繁殖,创造无菌环境是植物组织培养得以进行的前提条件,因此整个组织培养过程都需要在无菌条件下进行操作。

外植体在接种前必须选择合适的消毒剂进行消毒,以获得无菌材料。但在消毒剂在对植物材料进行消毒的同时,也会对植物细胞造成各种损伤,因此选择合适的消毒剂、消毒方法关系到外植体能否顺利的存活并再生出新的组织或器官。

外植体在合适的培养条件下,细胞会逐渐脱分化,回到分生细胞状态,形成一种能迅速增殖的无特定结构和功能的细胞团,称为愈伤组织。植物生长调节物质如 2,4 - D 等,是诱导外植体形成愈伤组织的重要影响因素。

实验材料、器材与试剂

【实验材料】新鲜的胡萝卜（*Daucus carota*）块根。

【实验器材】超净工作台、酒精灯、镊子、解剖刀、灭菌过的接种盘、无菌滤纸、烧杯、记号笔。

【实验试剂】（1）75％乙醇溶液、95％乙醇溶液、无菌水、琼脂、蔗糖、MS 基本培养基各母液（表9-1）、2,4-D 母液。

（2）0.1％氯化汞（$HgCl_2$）。称取 $HgCl_2$ 0.5 g，用少量蒸馏水完全溶解后定容到 500 mL。

（3）胡萝卜块根愈伤组织诱导培养基。MS+1.0 mg/L 2,4-D+30 g/L 蔗糖+7 g/L 琼脂（pH=5.8）（培养基的配制和灭菌见实验43）。

实验步骤

1. 实验前准备

（1）用水和洗手液洗净双手，穿上实验服，进入接种室。

（2）打开超净工作台和无菌操作室的紫外灯，照射 20～30 min，然后关闭紫外灯，打开送风开关，通风 10 min 后，再打开日光灯即可进行外植体的消毒和接种等无菌操作。

（3）用酒精棉球擦拭双手，然后用 75％乙醇溶液喷雾降尘，并擦拭超净工作台台面。

（4）将培养基及接种工具放在超净工作台台面。

2. 外植体消毒、接种和愈伤组织的诱导

（1）将胡萝卜块根在自来水下冲洗干净，用小刀切去外层组织（1～2 mm 厚）后，将块根横向切成大约 10 mm 厚的切片，分别置于 100 mL 的烧杯中，用 75％乙醇溶液浸泡 30 s 后，移入 0.1％ $HgCl_2$ 溶液浸泡 8～10 min，用无菌水洗涤 5～6 次，无菌滤纸吸干水分后，置于经灭菌处理过的接种盘中。

（2）将镊子和解剖刀蘸 95％乙醇溶液在酒精灯火焰上灼烧片刻，冷却后，再将胡萝卜髓部组织切成约 0.5 cm² 小块，以上操作都要求在酒精灯火焰旁进行。接种时，左手将盛有愈伤组织诱导培养基的果酱瓶倾斜 45°，打开瓶口，使瓶口在酒精灯火焰上方灼烧数秒，右手用无菌的镊子，将胡萝卜髓部组织小块接种至培养瓶中，轻轻插入或放在培养基表面。每瓶接种 3～4 块，盖上瓶盖，瓶口在火焰上转动灭菌，培养瓶上做好标记（编号、名字、接种日期）。

（3）将上述接种有胡萝卜块根外植体的培养瓶置于组织培养室内 (25 ± 2)℃下暗培养，并整理、清洁超净工作台台面。

（4）观察胡萝卜块根切片外植体在接种后 2～6 d 的污染情况，统计被污染的块根外植体数和外植体的污染率（表 9 - 3）。

$$污染率 = 污染的材料数/总接种材料数 \times 100\% \quad (9-1)$$

表 9 - 3　外植体接种后污染情况统计

接种天数/d	接种数/个	污染数/个	污染率/%	主要污染菌种
2				
3				
4				
5				
6				

（5）观察并逐日记录胡萝卜切块产生愈伤组织的情况，包括出现愈伤组织前外植体的形态变化，愈伤组织出现的时间以及愈伤组织的形态特征（包括愈伤组织的颜色、质地和色泽等），并统计外植体的愈伤组织诱导率（表 9 - 4）。

$$诱导率 = 形成愈伤组织的材料数/总接种材料数 \times 100\% \quad (9-2)$$

表 9 - 4　诱导形成的愈伤组织情况统计

接种天数/d	接种数/个	愈伤组织形成时间/d	诱导率/%	愈伤组织形态特征（颜色、质地、色泽）
7				
14				

续表

接种天数/d	接种数/个	愈伤组织形成时间/d	诱导率/%	愈伤组织形态特征（颜色、质地、色泽）
21				
28				
35				
42				

实验 45　愈伤组织的器官分化

实验原理

离体的植物组织在一定的条件下可发生"脱分化"，即已经分化了的植物细胞重新分裂生长，形成均一的无组织结构的细胞团，即愈伤组织。这种愈伤组织在一定条件下，又能"再分化"出根和芽等器官。在这些过程中，植物生长调节物质起着决定性作用，调控着愈伤组织的分化方向。

实验材料、器材与试剂

【实验材料】胡萝卜块根愈伤组织。

【实验器材】超净工作台、酒精灯、镊子、解剖刀、灭菌过的接种盘、无菌滤纸、记号笔。

【实验试剂】(1) MS 基本培养基各母液（表 9-1）、NAA 母液、6-BA 母液、琼脂、蔗糖。

(2) 胡萝卜愈伤组织芽分化培养基。MS + 0.1 mg/L NAA + 1.0 mg/L 6-BA；MS + 1.0 mg/L 6-BA。

(3) 生根培养基。MS + 0.5 mg/L NAA。

以上培养基均添加蔗糖 30 g/L、琼脂 7 g/L（pH = 5.8），培养基的配制和灭菌按照实验 43 中所述的方法。

实验步骤

（1）在超净工作台上，将实验 44 中所获得的胡萝卜块根愈伤组织培养 3~4 周转接入愈伤组织芽分化培养基中，于（25 ± 2）℃、2 000 lx、16 L/8 D 光照周期下培养。观察并记录胡萝卜块根愈伤组织在芽分化培养基上培养 3~4 周后的生长和芽分化状况，统计愈伤组织的芽分化率（表 9-5）。

芽分化率 = 生芽的愈伤组织的块数/接种愈伤组织总块数　（9-3）

表 9-5　愈伤组织诱导形成芽情况统计

培养基类型	接种天数/d	接种数/个	生成芽所需时间/d	芽诱导率/%
MS + 0.1 mg/L NAA + 1.0 mg/L 6 - BA	7			
	14			
	21			
	28			
MS + 1.0 mg/L 6 - BA	7			
	14			
	21			
	28			

（2）胡萝卜块根愈伤组织在芽分化培养基上培养 1 个月后，在超净工作台上将愈伤组织分化所得的不定芽转接入生根培养基中，在（25 ±2）℃、2 000 lx、16 L/8 D 光周期下培养。观察并记录不定芽在生根培养基上不定根发生情况，并统计生根率（表 9-6）。

生根率 = 生根的不定芽数/接种不定芽总数 ×100%　（9-4）

表 9-6　试管苗生根情况统计

接种天数/d	接种数/个	根数/条	根长/cm	根的状态	生根率/%
10					
20					
30					
40					

实验 46 细胞的悬浮培养与增殖

实验原理

当植物的组织在液体培养基中生长时,通过振荡培养或向培养基中通气可以改善培养基中氧气的供应,使愈伤组织上分裂的细胞不断游离下来,分散在液体培养基中,并保持良好的分散生长状态。

良好的悬浮培养物应具备以下特征:悬浮培养物分散性好,细胞团小;细胞具有旺盛的生长和分裂能力,增殖速度快;大多数细胞在形态上应具有分生细胞的特征,多呈等径形,核质比大,胞质浓厚,无液泡化程度较低。要建成这样的悬浮培养体系,首先需要良好的起始培养物,即迅速增殖的疏松型愈伤组织。

实验材料、器材与试剂

【实验材料】胡萝卜种子。

【实验器材】超净工作台、移液器、酒精灯、培养皿、注射器、电子天平、摇床、镊子、解剖刀、滤纸、三角瓶、高压灭菌锅、尼龙滤网、血细胞计数板、普通光学显微镜、盖玻片、载玻片。

【实验试剂】(1) MS 基本培养基各母液(表 9-1)、2,4-D 母液、KT 母液、蔗糖、琼脂、75% 乙醇溶液、0.1% 的 $HgCl_2$ 溶液。

(2) 胡萝卜下胚轴愈伤组织诱导培养基。MS + 1.0 mg/L 2,4-D + 0.5 mg/L KT + 30 g/L 蔗糖 + 7 g/L 琼脂(pH = 5.8)培养基的配制和灭菌见实验 43。

(3) 液体悬浮培养基。MS + 0.3 mg/L 2,4-D + 30g/L 蔗糖(pH = 5.3)。

实验步骤

1. 胡萝卜愈伤组织的诱导

(1) 将胡萝卜种子搓去种毛,然后在75%的乙醇溶液中消毒5 min,无菌水冲洗1遍后,用0.1%的$HgCl_2$溶液消毒10 min,接着用无菌水漂洗1遍,再用无菌水浸泡30 min,最后用无菌水漂洗1遍,接种在无激素的MS培养基上。

(2) 10 d左右种子开始萌发,待两片子叶伸展,而心叶刚刚显露时,将幼苗的下胚轴切成0.3 cm左右的小段,接种在愈伤组织诱导培养基MS + 1.0 mg/L 2,4 - D + 0.5 mg/L KT中,培养30 d左右,即可诱导出黄色、疏松状、分散较性好的愈伤组织。

(3) 继代培养时,将老的和生长不良的愈伤组织去掉,将大的健康的愈伤组织切至0.5 cm,再放于愈伤组织诱导培养基中继续培养。诱导和继代培养均在黑暗条件下进行,培养温度为(25 ± 2)℃,继代培养时间为3 ~ 4周更换一次培养基,观察并记录继代过程中愈伤组织状态的变化。

2. 胡萝卜细胞悬浮系的建立

(1) 配制胡萝卜液体悬浮培养基(方法见表9 - 2,不加琼脂),分装于100 mL的三角瓶中,每瓶装30 mL,高压灭菌,备用。

(2) 在超净工作台上,用镊子夹取在继代培养基上继代20 d左右的胚性愈伤组织,即分散性好、疏松的愈伤组织1 ~ 2 g,置于每个装有30 mL液体悬浮培养基的三角瓶内,轻轻摇匀。

(3) 将已接种的三角瓶置于旋转式摇床上,在110 r/min、(25 ± 2)℃条件下避光振荡培养。在培养的最初几天,若培养液出现乳状混浊,则说明在接种过程中发生了污染,应予淘汰。

(4) 连续培养14 d后,观察细胞增殖情况。如果增殖明显,可进行继代培养。继代培养时,先用孔径100 μm的无菌尼龙滤网将培养物过滤,除去滤网上的愈伤组织碎块和大细胞团,然后用注射器配以大孔径针头,吸取少量滤下的细胞悬浮液,测定其中的细胞密度。

(5) 加入新鲜悬浮培养基10 ~ 15 mL,将细胞密度调节到(0.5 ~

2.5)×10⁵ 个细胞/毫升，然后置于摇床上培养，转速设定为 110 r/min。此后每 7 d 左右重复继代 1 次，连续培养 4~5 代后，逐渐形成稳定的细胞悬浮系。

3. 悬浮培养细胞的计数

将血细胞计数板和盖玻片擦拭干净；吸取 1 小滴细胞悬浮液至计数板上；将盖玻片由一边向另一边轻轻盖上，再用两只拇指压紧盖玻片两边，使盖玻片和计数板紧密结合，以防止形成气泡；静置 3 min，使细胞沉降至载玻片表面；将血细胞计数板放于显微镜载物台上，低倍镜下分别对每个亚区中的细胞进行计数，计数的亚区为每个计数区中的 4 个外角亚区和中央亚区（9 个中的 5 个）。

每个样品计数重复 3 次，求平均值，然后按照式（9-5）计算单位体积中细胞数量（细胞密度）：

$$细胞数 = N \times D \times 10^4 \qquad (9-5)$$

式中，N 指两个计数区中的角亚区和中央亚区中的细胞数目，统计的体积为 1×10^{-4} mL，D 指悬浮细胞的稀释倍数。

血细胞计数板是精密的玻璃仪器，具有 2 个可以计数的区室，每个计数区由 9 个亚区构成，每个亚区的面积为 1 mm²，同时血细胞计数板具有 1 个厚度一定的玻璃盖片，保证了计数区与盖片之间的距离为 0.1 mm。当盖片放置正确，每个亚区之上的体积为 0.1 mm³ 或 1×10^{-4} mL。

实验 47　原生质体的分离与纯化

实验原理

植物原生质体是指去除了细胞壁的裸露的细胞。原生质体可从培养的单细胞、愈伤组织和植物器官，例如叶、下胚轴等中获得。但一般认为从叶肉组织中分离得到的原生质体是理想的材料，其优点是材料来源方便，供应及时，而且遗传性较为一致。而从单细胞和愈伤组织分离到的原生质体，由于受培养条件和继代培养的影响，细胞间易发生遗传和生理差异。

原生质体的分离通常采用酶解法，其原理是：植物细胞壁是由纤维素、半纤维素、果胶质、少量的蛋白质和脂类组成，利用纤维素酶、半纤维素酶和果胶酶配制而成的混合酶液能降解细胞壁的成分，从而使原生质体释放出来。原生质体的产率和活力与材料来源、生理状态、酶液的组成，以及原生质体收集方法有关。因为原生质体去除了细胞壁，所以酶液中要用一定溶度的渗透压稳定剂来保持原生质体的稳定。常用的渗透压稳定剂有甘露醇、山梨醇、葡萄糖或蔗糖。酶液中还应含有一定量的钙离子以稳定原生质膜。游离出来的原生质体可用过筛法收集。

高等植物的原生质体除了用于细胞融合的研究以外，还能通过它们裸露的质膜摄入外源 DNA、细胞器、细菌或病毒颗粒。原生质体的这些特性与植物细胞的全能性结合在一起，已经在遗传工程和体细胞遗传学中开辟了一个理论和应用研究的崭新领域。

实验材料、器材与试剂

【实验材料】黄瓜种子。

【实验器材】显微镜、离心机、超净工作台、载玻片、盖玻片、离心管、剪刀、镊子、培养皿、吸管、25 mL 锥形瓶、血球计数板、漏斗、200 目镍丝网、300 目镍丝网。

【实验试剂】

（1）酶溶解液。酶溶解液内含 10 mmol/L $CaCl_2 \cdot 2H_2O$、0.7 mmol/L KH_2PO_4、3 mmol/L 2 – N – 吗啡啉乙磺酸钠（MES）和 0.3 mol/L 甘露醇。配制方法为：称取 $CaCl_2 \cdot 2H_2O$ 0.15 g、KH_2PO_4 0.01 g、2 – N – 吗啡啉乙磺酸钠（MES）0.06 g、甘露醇 5.50 g，分别用少许蒸馏水溶解，加入 100 mL 容量瓶，定容至 100 mL 贮备液，调节 pH 至 5.7，灭菌备用。称取纤维素酶 1 g、果胶酶 0.5 g 和半纤维素酶 0.5 g，溶于 100 mL 的酶溶解液中；将配好的酶液在 10 000 r/min 的转速下离心 20 min，上清液用含有 0.45 μm 微孔滤膜的无菌过滤器进行过滤，得到内含 1% 纤维素酶、0.5% 果胶酶和 0.5% 半纤维素酶的无菌酶解液，于 4 ℃ 低温条件下保存备用。

（2）13% CPW 酶洗涤液。称取 27.2 mg KH_2PO_4、101 mg KNO_3、

1 480 mg $CaCl_2$、246 mg $MgSO_4$、0.16 mg KI、0.025 mg $CuSO_4$、13 g 甘露醇，分别用蒸馏水溶解，加入 1 000 mL 容量瓶，混匀，用蒸馏水定容至 1 000 mL 贮备液，调节 pH 至 6.0，高压灭菌备用。

实验步骤

1. 黄瓜种子的萌发

（1）精选饱满健康的黄瓜种子 50～100 粒，用 30～35 ℃温水浸泡 4～6 h 后，播于干净的湿沙中，种子等距平铺、浅埋，(28±1)℃条件的培养箱中或室外培养，每天注意补充水分。将种子萌发 7 d 后取长势较一致且茎根均保持完整的黄瓜苗自沙盆中取出，清理好根部细沙，移栽到上沙下泥的花盆中，沙与泥的质量比为 4∶6，每盆种 1～2 株植物。自然光照下培养，每天补充适量清水，定时观察并记录植株生长情况。

2. 材料的消毒

取萌发 7 d 幼苗的子叶或移栽到花盆中 15 d 左右的幼苗的真叶进行表面消毒，先用清水冲洗，再在无菌条件下用 70% 乙醇溶液浸泡 30 s，随后移入 2% 次氯酸钠溶液中浸泡 20～30 min，最后用无菌水洗涤 4～5 次，用无菌滤纸吸干叶片上的水分。

3. 原生质体分离

（1）取黄瓜子叶或真叶 0.4 g 左右，用刀片切成 0.5 mm 宽的细条，放入加有 4 mL 酶解液的小锥形瓶中，用封口膜包好瓶口，把锥形瓶放在摇床上，转速设定在 60～70 r/min，于 (25±2)℃下进行避光振荡培养 2～5 h。

（2）每隔 1 h 取少量混合液镜检，观察原生质体的形态结构，用血球计数板计数，计算血细胞计数板上四角的四大格内的原生质体细胞数量，统计酶混合液中原生质体的单位体积数量，并找出原生质体释出的最高峰时间。

$$每毫升原生质体个数 = 四大格的细胞总数/4 \times 10^4 \times 稀释倍数$$

(9−6)

4. 原生质体纯化

（1）将含有原生质体的酶混合液用 48～75 μm（200 目～300 目）孔径的镍丝网过滤，以去掉未消化的组织、成团的细胞和细胞壁碎片，收集滤出液，即为初步纯化产物。

（2）将上述滤出液置于离心管中，用 1 000 r/min 转速离心 5 min，原生质体将沉于管底，细胞碎屑浮于上清液中。吸去上清液，用 13% CPW 酶洗涤液重新悬浮原生质体。重新悬浮原生质体时必须十分当心，可使用管嘴较大的吸管将沉淀在离心管底的原生质体轻柔吹打均匀，以避免原生质体损伤。用 500～1 000 r/min 转速离心 3～5 min，如此重复 2～3 次即可收集到纯化后的原生质体，用洗涤液悬浮至一定密度。

注意事项

（1）所用工具均需灭菌，操作在无菌条件下进行。

（2）酶解所需时间因材料和酶浓度而异，酶液浓度低时，子叶、幼叶等一般需要几小时，而愈伤组织和悬浮细胞等一般需要十几小时，太高浓度酶液会对原生质体造成破坏，因此，需要根据材料进行摸索。

（3）光照可能会损伤质膜，因此，酶解应在避光下或弱光下进行。

教学建议

采用小组合作的形式完成实验。将每个实验班分为若干个小组，每个小组由 3～4 位同学组成，选择 1 种植物材料进行研究。可以以"植物的离体快速繁殖""植物的细胞悬浮培养""植物原生质体的分离和纯化"为主题，完成培养基母液的配制，培养基的配制和灭菌，植物外植体的选择、消毒和接种、愈伤组织的诱导、愈伤组织的器官分化、细胞的悬浮培养与增殖、原生质体的分离和纯化等实验。组织培养实验时间较长，需定期进行实验观察，记录原始数据，拍照等，因此要做好时间规划。

思考题

（1）培养基的主要包括哪些成分？它们在植物离体培养中的作用是什么？

（2）在接种过程中，如何尽量避免接种工具、接种材料的污染？

（3）生长素和细胞分裂素在促进愈伤组织器官分化过程中的作用？

（4）悬浮培养的关键环节是什么？

（5）获得高质量的原生质体的关键技术有哪些？

专题十　植物基因的克隆与表达定量分析

脱氧核糖核酸（DNA）是植物的遗传物质，是基因表达的基础。植物DNA包括细胞核DNA和细胞核外DNA，前者存在于细胞核内，后者存在于细胞质中有半自主性复制活性的细胞器内。例如，线粒体DNA（mtDNA）和叶绿体DNA（cpDNA）。RNA（核糖核酸）是基因表达的产物或者中间产物。DNA和RNA是进行植物分子生物学研究的基础，如基因克隆与表达、Northern杂交、cDNA文库构建等，均需要纯度高、完整性好的DNA和RNA，因此，植物组织DNA和RNA提取、基因克隆是顺利进行植物分子生物学研究的前提所在。

作为储存生命信息的遗传物质，DNA与各种蛋白结合并形成超螺旋和多次压缩，增加了DNA的稳定性。造成DNA不稳定的外源性因素较多，如高低温反复会造成DNA降解，而同等条件下线状DNA比环状DNA更容易发生降解。内源性的DNA酶（DNase）也是造成DNA降解的因素之一，不过DNase高温下也易失活。RNA作为基因表达的中间产物，在翻译成功后的迅速分解具有重要的生物学意义。RNA，特别是mRNA，主要以单链形式存在，其磷酸二酯键易受攻击而断裂，因此，RNA具有结构不稳定的特点。RNA酶（RNase）能降解RNA，活性强、种类多，在自然界中无处不在，性质非常稳定，能够耐受高温高压，很难去除。在实验过程中，提取的RNA被RNase污染会导致RNA的降解。同样，内源性的RNase是造成提取的RNA降解的主要因素。因此，在RNA提取过程中，需要对体内、体外的RNase进行钝化处理。

DNA、RNA和核苷酸都是极性化合物，一般都溶于水，不溶于乙醇、氯仿等有机溶剂。在酸性溶液中核酸易水解，中性或弱碱性溶液中则较稳定。

对DNA和RNA的提取与检测只是植物分子生物学研究的前提条件，

多数情况下需要以 DNA 或者 RNA 为模板，通过 PCR 的方法获得基因序列，进行基因的克隆、基因的表达或者功能的研究。在本专题中，着重列举了植物 DNA 和 RNA 的提取和检测，并介绍了通过 PCR 方法和蓝白斑筛选克隆基因片段的方法，以及通过实时荧光定量 PCR 方法检测 mRNA 基因的相对表达水平。

实验 48　植物组织 DNA 的提取（CATB 法）

实验原理

植物 DNA 存在于细胞核内，并与组蛋白结合形成致密的染色体，而细胞核被包裹在致密的细胞壁中。液氮研磨是最常用的细胞破壁方法，液氮可以使细胞迅速冷冻、变脆，在机械作用下细胞壁容易破坏，将 DNA 释放出来；而且液氮的超低温能够抑制 DNsae 的活性，提高 DNA 的完整性。

细胞壁破坏后，在蛋白酶或者阳离子去污剂的作用下，细胞膜蛋白、结合在 DNA 上的蛋白和细胞质中的蛋白发生降解，使 DNA 充分游离。实验中，常常使用十二烷基苯磺酸钠（SDS）、十六烷基三甲基溴化铵（CTAB）等作为阳离子去污剂。在高离子强度溶液中，CTAB 与蛋白质和大多数酸性多聚糖以外的多聚糖形成复合物，并在有机试剂酚、氯仿、异戊醇等作用下被萃取去除，游离的 DNA 在冰乙醇或者异丙醇中沉淀，最后用灭菌重蒸馏水或者缓冲液将 DNA 溶解。常用的植物 DNA 提取的方法有 CTAB 法和 SDS 法等。

实验材料、器材与试剂

【实验材料】植物幼嫩叶片或新鲜花瓣。

【实验器材】研钵、研棒、镊子、1.5 mL EP 管、各种规格吸头（Tip 头）、各种规格微量移液器、恒温水浴锅、高速离心机、高压灭菌锅等。

【实验试剂】（1）CTAB、氯仿、异戊醇、琼脂糖、EDTA（乙二胺四乙酸）、β-巯基乙醇（酚的抗氧化剂）、无水乙醇、异丙醇、重蒸馏水、液氮、RNase A（20 μg/mL）等。

（2）1 mol/L Tris-HCl。称量121.1 g 三羟甲基氨基甲烷溶液（tris-hydroxy methyl amino methane，Tris），置于1 000 mL 烧杯中，加入约800 mL 的蒸馏水，充分搅拌溶解，加入适量浓HCl调节至所需要的pH（pH = 8.0，需要加约42 mL的浓盐酸），用蒸馏水定容至1 000 mL，高压灭菌。

（3）0.5 mol/L EDTA。称取186.1 g EDTA-$Na_2 \cdot 2H_2O$，加入约800 mL的蒸馏水，充分搅拌，再加入少许NaOH固体，振荡，如此反复，使溶质完全溶解，用蒸馏水定容至1 000 mL，高压灭菌。

（4）2% CTAB 抽提缓冲溶液。称取CTAB 4 g，NaCl 16.364 g，加入1 mol/L Tris-HCl 20 mL（pH = 8.0）和0.5 mol/L EDTA 8 mL，先用70 mL 蒸馏水溶解，再定容至200 mL，高压灭菌，冷却后按照0.2%～1.0% 比例添加β-巯基乙醇。

（5）氯仿-异戊醇（24∶1）。96 mL 氯仿中加入4 mL 异戊醇，摇匀即可。

（6）TE 缓冲液。向烧杯中加入约80 mL 重蒸馏水，1 mL 1mol/L Tris-HCl（pH = 8.0），0.2 mL 0.5 mol/L EDTA（pH = 8.0），混合均匀，将溶液定容至100 mL 后，高压灭菌，低温保存。TE 缓冲液的组成浓度为10 mmol/L Tris-HCl、1 mmol/L EDTA（pH = 8.0）。

实验步骤

（1）组织材料研磨。取约100 mg 新鲜的植物幼嫩叶片，放到干净的研钵中，在液氮冷冻条件下研磨成粉末状。

（2）样品处理。将样品置入1.5 mL EP 管中，加入700 μL 2% CTAB 提取缓冲溶液（用前加入0.2% 的巯基乙醇），混匀，颠倒几次，置于65 ℃恒温水浴锅中保持30～40 min，每10 min 颠倒混匀1 次。

（3）混合物中蛋白的去除。在组织液中加入700 μL 氯仿-异戊醇混合物（24∶1），充分悬浮，在常温或者4 ℃条件下以10 000 r/min 离心

10 min，小心吸取上清液转入另一干净的离心管中。将此步骤重复 1 次。

（4）DNA 沉淀。吸取上清置于干净的 15 mL EP 管中，加入 700 μL 冰乙醇或者异丙醇，轻轻晃动，直至白色絮状 DNA 出现。在常温或者 4 ℃ 条件下以 10 000 r/min 离心 10 min，弃上清。

（5）DNA 洗涤。向步骤（4）中获得的 DNA 沉淀中加入 700 μL 70% 乙醇溶液，上下颠倒几次（不能震荡），洗涤沉淀，以 10 000 r/min 离心 2 min，弃掉上清液，保留沉淀。将此步骤重复 1 次。

（6）DNA 溶解。待沉淀中的残留乙醇充分挥发后（但不要使 DNA 太干，否则难溶解），加入 30～50 μL 灭菌重蒸馏水（内含 RNase A），或者相同体积的 TE 缓冲液（内含 20 μg/mL RNase A），溶解 DNA，置于 37 ℃ 恒温箱约 15 h，或者保存在 4 ℃ 条件下自然溶解。

注意：本实验中所用到的一次性 EP 管、Tip 吸头、相关试剂等需经高压灭菌后方可使用，下同。

实验 49　植物组织 DNA 的检测

实验原理

肉眼下看到的 DNA 呈白色，类似石棉样的纤维状物或者絮状物。要准确判断 DNA 提取的效果和质量，需要借助琼脂糖凝胶电泳和紫外分光光度计。

DNA 的磷酸基团携带负电荷，是 DNA 凝胶电泳分离的基础。在琼脂糖凝胶介质上，在一定电场强度和离子强度条件下，DNA 由电场负极移向电场正极。DNA 的迁移速度与分子质量和空间结构有关，DNA 长度越大迁移速度越慢，同样长度的 DNA，环状 DNA 的迁移速度大于线性 DNA 的迁移速度。

在进行琼脂糖凝胶上时，需要借助于高度灵敏的荧光染料进行 DNA 或者 RNA 条带观察。溴化乙锭（ethidium bromide，EB）中含有 1 个可以嵌入双链 DNA 堆积碱基之间的三环平面基团，平均每 2.5 个碱基可以插入1个EB分子，因此被广泛用于DNA的琼脂糖凝胶电泳。EB对单链DNA或RNA的亲和力相对较小，其荧光产率也相对较低。但单链DNA或者RNA可以在分子内部形成较短的内螺旋，因此，EB同样可以结合到螺旋内部。在波长302 nm紫外光条件下EB被激发，发出橙红色信号，通过凝胶成像处理系统，可拍摄获得橙色的DNA或者RNA条带。

EB通过插入DNA或RNA，引起遗传变异，因此具有极强的毒性，在实验操作中要非常小心。随着技术的发展，目前已经开发出多种高效无毒的核酸染料，作为EB的替代品，如Gelred、SYBR Green、Goldview等。

将提取的DNA放入琼脂糖凝胶点样孔中，需要借助上样缓冲液。上样缓冲液中含有溴酚蓝、二甲苯腈蓝FF和甘油。在琼脂糖凝胶电泳（0.5%～1.4%）中，溴酚蓝约与300 bp的双链线状DNA的迁移速度相同，二甲苯腈蓝FF与4 kb的双链线状DNA的迁移速度相等，它们用于帮助观察电泳的进程；甘油比重较大，有助于DNA沉淀到孔底。

在采用琼脂糖凝胶检测提取的DNA或RNA效果的基础上，还需要通过紫外分光光度计计算DNA的浓度和质量。根据核酸和蛋白分别在波长为260 nm和280 nm处具有吸收峰的特点，可以通过测定样品提取液紫外线吸光值的比值（A_{260}/A_{280}）来估算核酸的纯度和浓度。当样品提取液的$A_{260}/A_{280}=1.8$时，DNA的纯度较高；当$A_{260}/A_{280}>2.0$时，可能有RNA污染；当$A_{260}/A_{280}<1.8$时，可能有蛋白质污染。在波长260 nm处，1个OD相当于双链DNA（double-stranded DNA，dsDNA）的浓度为50 μg/mL，或相当于单链RNA（single-stranded，ssRNA）的浓度为40 μg/mL。

实验材料、器材与试剂

【实验材料】实验48中提取的DNA溶液。

【实验器材】制胶槽、电泳仪、电泳槽、微波炉、天平、凝胶成像系统、一次性聚乙烯（polyethylene，PE）手套和乳胶手套、小型紫外分光光度计，以及量筒、烧瓶等常规器材。

【实验试剂】（1）50×TAE缓冲液。称取242 g Tris碱、29.3 gEDTA固体或37.2 g Na$_2$EDTA·2H$_2$O固体（或者200 mL 0.5 mol/L EDTA溶液，

pH = 8.0），用 700 mL 蒸馏水溶解，用乙酸溶液调节 pH 至 8.5（约需加入 57.1 mL 乙酸溶液），用蒸馏水定容至 1 000 mL，室温下保存。TAE 缓冲液也可以用 10×TBE 缓冲液代替，具体配方为：称取 108 g Tris 碱、55 g 硼酸，加入 $Na_2EDTA \cdot 2H_2O$ 7.44 g（40 mL 0.5 mol/L EDTA 溶液，pH = 8.0），用蒸馏水定容至 1 000 mL。

（2）1×TAE 缓冲液。量取 10 mL 50×TAE 缓冲液，用蒸馏水稀释定容至 500 mL。

（3）6×DNA 上样缓冲液。内含 0.05% 溴酚蓝（bromophenol blue）、0.05% 二甲苯腈蓝 FF（xylene cyanol FF）溶液、体积比浓度为 36% 的甘油和 30 mmol/L EDTA 溶液，于棕色容器中 4 ℃ 条件下避光保存。

（4）10 mg/mL EB 染液。称取 10 mg EB 固体于专用容器中，溶于 1 mL 重蒸馏水中，搅拌至溶解完全，避光保存备用。

实验步骤

（1）1% 琼脂糖凝胶制备。称取 1 g 琼脂糖置于 250 mL 锥形瓶，加入 100 mL 1×TAE 溶液，微波炉加热至琼脂糖完全溶解（瓶口可用锡箔纸盖住），溶液呈透明清亮状态，待温度降至 50～60 ℃（可用水流缓慢冲洗锥形瓶可以降温，可观察到产生较少气泡）时，加入 EB 溶液 5 μL（工作液浓度为 0.5 μg/mL），缓慢混合均匀，倒入制胶槽，插上梳子，如有气泡可用吸头（Tip 头）刺破。待凝胶完全凝固后小心拔出梳子，将凝胶从制胶槽中取出，放到电泳槽中，加入 1×TAE 缓冲液并将凝胶完全淹没。

（2）点样。用微量移液器和干净的 Tip 吸头吸取 DNA 样品 5 μL，与 1 μL DNA 上样缓冲液充分混合，然后滴入点样孔中。

（3）电泳。电压 120 V 条件下进行电泳 25～30 min。

（4）成像。小心取出凝胶，放到凝胶成像系统中进行观察拍照。单一整齐的 DNA 条带表明提取的 DNA 完整，可用于下一步分析。

（5）紫外分光光度计测定 DNA 浓度。分别测定波长为 260 nm 和 280 nm 处的 OD 比较，判断 DNA 的纯度和浓度。

注意：β-巯基乙醇、氯仿、异戊醇、TAE 具有刺激性，EB 具有致癌性，操作人员需要佩戴口罩、手套和护目镜。

实验50　植物组织RNA的提取（Trizol法）

实验原理

植物总RNA的提取方法有苯酚法、异硫氰酸胍法、氯化锂沉淀法、SDS/酚抽提法和Trizol法等。由于植物组织（特别是高等植物组织）细胞内外组成成分复杂多样性，如含较多的多糖、脂质、多酚等次生代谢物，因此，植物组织RNA的提取相对于从其他生物材料提取RNA来说要困难得多。不同的提取方法原理不同，实验中可根据组织部位或物种的不同，选择不同的方法来进行。但是总的原则是消除内源性RNase对RNA的降解，消除次生代谢物对RNA提取率和纯度的影响。特别是RNase，其性质非常稳定，需要用特别方法去除。

Trizol法提取总RNA是目前常用快速抽提方法。Trizol试剂中的主要成分苯酚能够破碎细胞、降解细胞；硫氰酸胍可以最大限度抑制RNase活性，最终保持RNA的完整性；经过氯仿处理后，样品分成水样层和有机层，RNA存在于水样层中，水样层的RNA再通过70%乙醇洗涤和异丙醇沉淀获得。获得的总RNA可以用于分离mRNA、Northern-blotting、RT-PCR等实验。

提取的植物总RNA肉眼下呈白色粉末或者结晶状。其中，rRNA约占80%，包括28S rRNA、18S rRNA和5.8S rRNA；tRNA及小分子RNA占10%~15%；mRNA占1%~5%。因此，提取获得的RNA经过琼脂糖凝胶电泳，可分离出3条大小不同的RNA条带，分别对应于28S、18S和5S的RNA，且28S rRNA条带的亮度约为18S rRNA条带的2倍。由于RNA分子是单链核酸分子，与DNA的双链分子结构不同，自身可以弯折形成复杂的分子结构，因此在进行琼脂塘凝胶电泳迁移时难以获得类似DNA依赖于分子量的条带。

同样可采用紫外分光光度计测定RNA的纯度，若A_{260}/A_{280}为

1.9～2.0，则表明 RNA 提取质量可靠；若 A_{260}/A_{280} < 2.0，则表明有试剂污染；若 A_{260}/A_{280} > 2.2，则表明 RNA 降解严重。

实验材料、器材与试剂

【实验材料】采集的鲜嫩的植物叶片或者花瓣。

【实验器材】研钵、研棒、镊子、1.5 mL EP 管、各种规格 Tip 吸头、各种规格微量移液器、恒温水浴锅、高速低温离心机、高压灭菌锅、制胶槽、电泳仪、电泳槽、微波炉、天平、凝胶成像系统、PE 手套和乳胶手套、量筒、烧瓶等常规器材。

【实验试剂】(1) Trizol（含有苯酚和硫氰酸胍）、氯仿、异戊醇、液氮、70%乙醇溶液（用 0.1% DEPC 处理水灭菌后配制）及 RNA 检测相关试剂。

(2) 0.1%的焦碳酸二乙酯（DEPC）溶液。以 1 g DEPC 溶于 1 000 mL 蒸馏水配制可得。

注意：RNase 广泛存在于人的皮肤上以及呼出的气体中，性质非常稳定，常规的高温高压蒸气灭菌方法和蛋白抑制剂 DEPC 都不能使其完全失活。因此操作人员需要佩戴一次性 PE 手套和口罩，并在干净、人少的环境中进行实验。所用玻璃器皿、镊子、研钵、研棒等可于 180 ℃条件下烤 8 h 以上；或者用 0.1%的 DEPC 水溶液浸泡玻璃器皿、1.5 mL EP 管、Tip 吸头和其他用品，并在 121 ℃条件下高压灭菌，使 DEPC 毒性失活。配制溶液所用蒸馏水也需要用 0.1% DEPC 水处理并高温高压灭菌（但 Tris-HCl 缓冲液等不可以用 DEPC 处理）。

实验步骤

（1）组织材料研磨。取 50～100 mg 组织（新鲜或 –70 ℃条件下及液氮中保存的组织均可）置于研钵中，充分研磨，然后移至 1.5 mL EP 管中，加入 1 mL Trizol 充分匀浆，室温下静置 5 min。

（2）氯仿处理研磨材料。加入 0.2 mL 氯仿，振荡 15 s，静置 2 min。

在 4 ℃ 条件下以 12 000 r/min 离心 10 min，然后将上清移至新的 1.5 mL EP 管中。

（3）异丙醇沉淀总 RNA。加入 500 μL 异丙醇，将管中液体轻轻混匀，室温静置 10 min。在 4 ℃ 条件下以 12 000 r/min 离心 10 min，此时可以观察到白色结晶状物，弃去上清液。

（4）洗涤 RNA。加入 1 mL 75% 乙醇溶液，轻轻晃动洗涤沉淀。在 4 ℃ 条件下以 12 000 r/min 离心 2 min，弃上清液。

（5）适度晾干，加入 30～50 μL 的 DEPC 水溶解 RNA（也可置于 65 ℃ 条件下促溶 10～15 min）。

（6）植物 RNA 的检测。与 DNA 检测方法一致，不同之处在于用琼脂糖凝胶检测 RNA 时需要用新鲜配制的 1×TAE 溶液配制凝胶和作为电泳缓冲液。

（7）紫外分光光度计测定 DNA 浓度。分别测定波长为 260 nm 和 280 nm 处的 OD 比较，判断 DNA 的纯度和浓度。

实验 51　以 RNA 为模板制备 cDNA

实验原理

由于高等生物的基因大部分是断裂基因，外显子被内含子隔开，不能直接从 DNA 中克隆获得基因连续的编码区，因此需要从成熟的 mRNA（经过转录后加工，去除了内含子）中获得基因连续编码区。从特定的组织中提取 RNA，除了用于植物基因的克隆外，还常用于基因表达差异检测等。真核生物基因表达的包括 mRNA 水平和蛋白水平的表达，检测 mRNA 的表达量是研究基因表达调控的非常重要的方式。提取的总 RNA 并不能直接作为 PCR 的模板，需要将其逆转录为 cDNA（complementary DNA），即与 RNA 互补的 DNA。mRNA 的分离和逆转录成 cDNA 依赖于真核生物基因 mRNA 的 3′端的 polyA 尾巴，以及一种依赖于 RNA 的 DNA 合成酶－逆转录酶。在寡聚脱氧胸苷［oligo(dT)］作为引物的情况下，通过逆转录酶的作用，可将 mRNA 逆转录为 cDNA，获得的 cDNA 可以作为基因克隆、基因表达量检测的模板。

实验材料、器材与试剂

【实验材料】 实验 50 中提取的 RNA。

【实验器材】 水浴锅、微量移液器和吸头（高压灭菌）、PCR 仪、电泳槽、电泳仪等。

【实验试剂】（1）oligo(dT) 引物（50 μmol/L）、逆转录酶（200 U/μL）、RNA 酶抑制剂（来自大肠杆菌表达的重组蛋白，可与 RNase A 形成 1∶1 复合体，商品化的产品浓度一般为 40 U/μL）、DEPC 水。

（2）5× 逆转录缓冲液。由 125 mmol/L Tris-HCl 溶液（pH = 8.3）、187.5 mmol/L KCl 溶液和 7.5 mmol/L $MgCl_2$ 溶液配置而成。

实验步骤

（1）样品 cDNA 合成。按照表 10-1 所列的成分配制逆转录反应体系，配制溶液 I，按照表 10-1 中的程序对溶液 I 处理后，将溶液 I 和缓冲液（5×缓冲液）、逆转录酶、RNA 酶抑制剂以及 DEPC 处理 H_2O 配制溶液 II，逆转录混合后短暂离心，在 42 ℃ 条件下保温 60 min，完成逆转录过程。

表 10-1 mRNA 逆转录反应体系（20 uL）

溶液	成分	使用量	程序
溶液 I	RNA 模板	2 μL（0.1～2.5 μg，依浓度吸取相应的体积）	混合后，65 ℃ 条件下保温 5 min（打开 mRNA 二级结构），然后立即冰浴
	oligo(dT) 引物（50 μmol/L）	2.0 μL	
	dNTP（10 nmol/L）	2.0 μL	
	DEPC 水	4 μL（依 RNA 模板体积补足至 10 μL）	

续表

溶液	成分	使用量	程序
溶液 Ⅱ	溶液 Ⅰ	10 μL	42 ℃ 条件保温 60 min
	5×缓冲液	4.0 μL	
	逆转录酶（200 U/μL）	0.5 μL	
	RNA 酶抑制剂（40 U/μL）	0.5 μL	
	DEPC 水	5 μL	

将溶液 Ⅱ 在 95 ℃ 条件下保温 3 min，得到逆转录终溶液，即 cDNA 溶液，立即冰浴，保存于 -80 ℃ 备用。

（2）cDNA 质量检测。逆转录获得的 cDNA 一般不通过电泳进行筛选，而是通过设计跨基因内含子的引物进行 PCR 扩增，具体的 PCR 扩增体系、程序及 qPCR 见实验 52、实验 54。

实验 52　通过 PCR 方法获得基因序列

实验原理

随着多个物种基因组序列的公布，通过 PCR 方法是目前获得基因序列的常用方法。PCR 方法模拟生物体内 DNA 复制的原理，使特异的 DNA 片段在体外得到大量扩增。

生物体内 DNA 复制时，需要在解旋酶的作用下将 DNA 双链变成单链，然后在一段 RNA 引物的作用下合成新的 DNA 短链，在 DNA 聚合酶的作用下由 5′端向 3′端延伸。在体外，则是通过多个循环（一般为 33 个）的 DNA 聚合反应实现对目标 DNA 的指数级扩增。每个循环中，通常是高温使 DNA 变成单链（变性，一般是 94 ℃），然后在低于 70 ℃ 的条件下（温度范围一般在 50~65 ℃）使模板 DNA 单链与引物（合成的小片段 DNA 单链，长度为 17~25 bp）结合，然后在耐热 DNA Taq 聚合酶（来自嗜热水生菌 *Thermus aquaticus*）作用及 72 ℃ 条件下不断延伸寡核苷酸（延伸速度为 1 000~2 000 bp/min），完成整个聚合反应的时间因扩增的目标 DNA 链的长度而异。在 PCR 反应过程中,需要提供 Taq 聚合酶作用的缓冲体系,即缓冲液,用于激活 DNA 聚合酶的活性中心的 Mg^{2+},以及 DNA 合成的底物即 4 种等摩尔浓度的 dATP、dTTP、dCTP 和 dGTP(统称 dNTP)。

通过 PCR 获得基因序列,其模板可以是基因组 DNA,也可以是经 mRNA 反转录获得的 cDNA,视研究的目的而定。

实验材料、器材与试剂

【实验材料】植物叶片或者花瓣基因组 DNA(实验 48 中获得的基因组 DNA)。

【实验器材】PCR 仪、0.2 mL EP 管、各种规格 Tip 吸头、各种规格微量移液器、制胶槽、电泳仪、电泳槽、微波炉、天平、凝胶成像系统、PE 手套和乳胶手套,以及量筒、烧瓶等常规器材等。

【实验试剂】(1) PCR 反应缓冲液。10 mmol/L Tris-HCl 溶液,pH 为 8.3~9.0。

(2) $MgCL_2$ 溶液。起始浓度为 25 nmol/L,终浓度为 2 nmol/L。

(3) dNTP 溶液:起始浓度为 2 nmol/L,终浓度为 0.2 nmol/L。

(4) Taq DNA 聚合酶:起始浓度为 5 U/μL,终浓度为 1.25 U。

(5) 引物:起始浓度为 10 μmol/L,终浓度为 1.0 μmol/L。

(6) DNA 模板,灭菌双蒸水若干。

实验步骤

1. 引物的稀释

合成的引物一般是干粉状态,开启离心管盖前,在 3 000~4 000 r/min 的转速下离心 1 mim,以防开盖时引物干粉散失。

引物一般以吸光值表示,即在 1 mL 体积 1 cm 光径标准比色皿中,260 nm 波长下吸光值为 1 的 oligo(dT) 溶液定义为 1 个 OD_{260} 单位。根据此定义,1 个 OD_{260} 单位相当于 33 μg 的 oligo(dT) DNA。oligo(dT) DNA

中的每个脱氧核苷酸碱基的平均分子量近似为 324.5，故 1 条 oligo(dT) DNA 的分子量 = 碱基数 × 324.5。

若设计的目的基因上下游引物碱基数各为 24，各合成 $2OD_{260}$，则每条引物总分子量为 24 × 324.5 = 7 788，质量为 2 × 33 μg = 66 μg，摩尔数为 66/7 788 μmol = 0.008 47 μmol = 8.47 nmol，引物稀释最终液浓度为 8.47 nmol/847 μL = 0.01 nmol/μL = 10 nmol/mL，即应加入 847 μL 灭菌重双蒸馏水进行稀释。

引物稀释液保存在 -20 ℃ 条件下，使用时需待溶液完全溶解再使用。

2. PCR 反应体系的配制

按照如下比例配制，反应体积为 50 μL（也可以根据实际情况确定相应的体积）。各成分的初始浓度和用量见表 10-2。

表 10-2 PCR 反应体系（50 μL）

成分	体积/μL	工作液浓度
10 × 缓冲液	5.00	1 ×
$MgCL_2$ 溶液（25 nmol/L）	4.00	2 nmol/L
dNTPs（2 nmol/L）	5.00	0.2 nmol/L
Taq DNA 聚合酶（5 U/μL）	0.25	1.25 U
上游引物（10 nmol/L）	5.00	1.0 μmol/L
下游引物（10 nmol/L）	5.00	1.0 μmol/L
DNA 模板（1 ng/μL）	1（可根据 DNA 浓度适当增减少体积）	—
重双蒸馏水	33.75	—
总体积	50.00	—

在配制上述溶液时，如果样品数目较多，一般将除了 DNA 模板外的所有成分混合，均匀分装到灭菌的用于 PCR 扩增的 EP 管中（0.2 mL 规格）。

在分装好的 EP 管中加入 DNA 模板或者 cDNA 模板，盖紧盖子，瞬时离心，使各成分混合均匀。

注意：目前市售 PCR 反应混合体系，包括了缓冲液、$MgCL_2$ 溶液、4 种 dNTPs 溶液以及 Taq DNA 聚合酶，甚至染料，使用时只需要添加特定的引物和 DNA 模板就可以。

3. PCR 反应程序

首先 95 ℃预变性 5 min，然后 94 ℃变性 30 s，55~65 ℃退火 30 s，72 ℃延伸 40 s 进行 35 个循环，最后 72 ℃延伸 5 min 后冷却到 4 ℃。

注意：设置 PCR 反应程序时，主要是退火温度和延伸时间的设置，退火温度的设置是根据引物的长度和 G+C 含量而定（一般在 55~65 ℃），而延伸时间是根据扩增 DNA 片段长度设置，1 kb 的延伸时间一般设定 1 min。PCR 反应时，要使 PCR 仪盖子温度不低于变性温度，以保持 PCR 反应液不会被蒸发到盖子上。

4. PCR 扩增片段的检测

同实验 48 中的基因组 DNA 检测方法，用 DNA 分子量标准（DNA Marker）作为参照。

实验 53 通过蓝白斑筛选与克隆目的基因

实验原理

通过 PCR 获得 DNA 片段一般用于下一步的研究，PCR 产物直接测序可以验证获得基因序列的正确性，但是在测序的起始端和末端，总有一些碱基无法准确读出，因此，如果想得到完整的 PCR 产物的 DNA 序列，需要将 PCR 产物连接至 T 载体上，通过载体的通用引物进行测序以获得完整的 DNA 序列。

普通的 Taq DNA 聚合酶有个特性，在 PCR 反应时在 PCR 产物的 3′末端添加一个游离的碱基"A"。基于此，开发出了可以直接与 PCR 产物进行连接的 T 载体。T 载体是一种线性化的 DNA 片段，两侧 3′端各多出 1 个游离的脱氧胸苷酸"T"，在 DNA 连接酶的作用下，有 Mg^{2+}、ATP 存在的连接缓冲系统中与 PCR 产物 3′端游离的"A"互补配对，形成重组的环状质粒。

重组用连接酶为 T4 DNA 连接酶，来源于 T4 噬菌体，连接酶与辅因子 ATP 形成酶 – ATP 复合物，该复合物再结合到具有 5′磷酸基和 3′羟基切口的 DNA 上，使 DNA 腺苷化，产生 1 个新的磷酸二酯键，封闭切口，形成转化连接产物或重组载体。37 ℃条件下有利于连接酶的活性，但是黏性末端的氢键结合不稳定，故一般 12～16 ℃条件下连接过夜，可以最大限度发挥连接酶的活性，又兼顾了配对结构的稳定性。

线性 T 载体来源于大肠杆菌，含有氨苄抗性基因、β – 半乳糖苷酶基因（被 T 切口分开）等 DNA 元件。未转入重组载体的大肠杆菌感受态细胞，由于缺乏氨苄抗性基因，因此不能在含有氨苄的培养基上生长。接受转化连接产物或重组载体的大肠杆菌感受态细胞可以在含有氨苄抗性的培养基上生长。由于制备的 T 载体不能保证 100% 是线性化的，因此未连接外源基因的环状 T 载体也会转入大肠杆菌感受态细胞，并且能够在含有氨苄的培养基上生长。那么如何区分在含有氨苄的培养基上生长的菌落，哪些被转入了重组载体，哪些被转入了未连接外源基因的 T 载体？

在培养基上涂布 5 – 溴 – 4 – 氯 – 3 – 吲哚 – β – D – 半乳糖苷（X-gal）、异丙基硫代半乳糖苷（Isopropyl β-D-Thiogalactoside，IPTG；一种作用极强的诱导剂，不被细菌代谢而十分稳定）。设计载体的 T 缺口位于 β – 半乳糖苷酶基因 α 肽链内部，PCR 产物连接至载体时破坏了 α 肽链内部的编码框，不会产生 β – 半乳糖苷酶，因此不能分解 X-gal；而部分未线性化的载体则会产生 β – 半乳糖苷酶 N 端 1 个 146 个氨基酸的短肽（即 α 肽链），α 肽链与细菌基因组产生的 N 端缺陷的 β – 半乳糖苷酶突变体互补，即 α – 互补，使具备了与完整 β – 半乳糖苷酶相同的作用，在 IPTG 诱导下可以将 X-gal 分解成半乳糖和深蓝色的物质 5 – 溴 – 4 – 靛蓝，后者可使整个菌落产生蓝色物质。转入连接产物的重组载体的大肠杆菌细胞则由于不能产生 β – 半乳糖苷酶而不能分解 X-gal，不会生成蓝色物质而呈现白色。这就是蓝白斑筛选原理，其理论基础来源于大肠杆菌乳糖操纵子。

最后，挑取若干白色阳性菌落，适当扩大培养，可以经过 PCR 鉴定或者酶切鉴定后进一步测序。

实验材料、器材与试剂

【实验材料】PCR 产物、菌株（大肠杆菌 DH5α 感受态细胞）。

【实验器材】生化培养箱、微量移液器、酒精灯、培养皿、涂布器等。

【实验试剂】（1）X-gal。用二甲基甲酰胺（DMF）溶解 X-gal，配制成的 20 mg/mL 的贮存液，-20 ℃条件下避光保存。

（2）IPTG。用灭菌蒸馏水溶解 IPTG，配制成 24 mg/mL 的贮存液，-20 ℃条件下避光保存。

（3）100 mg/mL 氨苄溶液。称取 100 mg 氨苄药品，溶于 1 mL 灭菌蒸馏水，-20 ℃条件下避光保存。

（4）T4 DNA ligase（T4 DNA 连接酶）、T 载体（如 pMD-18T）等。

（5）10×连接缓冲液（ligation buffer）。由 500 mmol/L Tris-HCl 缓冲液（pH=7.5）、100 mmol/L $MgCl_2$ 溶液、10 mmol/L ATP 溶液、100 mmol/L DTT（二硫苏糖醇）溶液配置而成。

（6）LB 液体培养基。取胰蛋白胨（tryptone）10 g、酵母提取物（yeast extract）5 g、氯化钠（NaCl）5 g，加蒸馏水定容至 1 000 mL，用 5 mol/L NaOH（约 0.2 mL）调 pH 至 7.2，121 ℃灭菌 30 min

（7）LA 液体培养基。上述灭菌的 LB 培养基中，按照 100 μL/100 mL 加入配制好的 100 mg/mL 的氨苄溶液。

（8）LA 固体培养基。上述 LB 液体培养基中加入琼脂粉 15～20 g，高压灭菌，待温度降至 50～60 ℃，按照 100 μL/100 mL 加入配制好的 100 mg/mL 的氨苄溶液。

实验步骤

1. PCR 产物与 T 载体的连接

在灭菌的 1.5 mL 离心管中一次性加入 1 μL PCR 片段产物、1 μL T-载体、1 μL 10×连接缓冲液、1 μL T4 DNA ligase，最后用灭菌重蒸馏水补足至 10 μL，放置在 16 ℃条件下，连接 1～12 h。

2. 连接产物转化至大肠杆菌感受态细胞

将 5 μL 连接产物置于大肠杆菌 DH5α - 感受态细胞中（约 100 μL），冰浴 30 min（冰水混合物效果好）。

42 ℃下水浴 90 s，再冰浴 5 min。

加入 900 μL LB 液体培养基，在 37 ℃下振荡培养 1 h。

在 4 000 r/min 条件下离心 3 min，弃去上清液，留下约 100 μL 液体，用无菌吸头吹打均匀，将细胞悬浮。

将菌液均匀涂布在已涂布了 20 μL IPTG、100 μL X-gal 的氨苄平板上（IPTG、X-gal 需要涂布约 20 min 后，再涂布菌液）。

将涂布好的平板置于 37 ℃条件的培养箱中培养过夜。

3. 阳性克隆的 PCR 鉴定

用无菌吸头或者牙签挑取阳性克隆（白色菌落），置于 700 μL 的 LA 液体培养基中，37 ℃条件下振荡培养 6～8 h；以 10 μL 培养的菌液为模板，进行 PCR 扩增，PCR 体系和程序同实验 52，对阳性克隆的 PCR 产物进行检测，方法同实验 49。

4. DNA 测序与序列比对

将经过 PCR 鉴定的阳性质粒进行测序（此处不再赘述质粒 DNA 的提取过程），如有参考序列，可采用在线软件，将测序结果与参考序列进行比对。

实验 54　通过实时荧光定量 PCR 检测目的基因 mRNA 相对表达水平

实验原理

mRNA 的表达水平对于研究基因的表达调控非常重要。目的基因在同一组织不同阶段（如花发育不同阶段），或者在不同组织同一状态（如正常与胁迫状态下叶）表达差异都是研究人员关注的焦点。以 cDNA 作为模板，可以进行定量 PCR，用于检测 mRNA 表达水平。

SYBR Green I 法是目前最常用的实时荧光定量 PCR，在 PCR 反应体系中，加入过量荧光 SYBR 荧光染料，SYBR 荧光基团就会特异性地掺入 DNA 双螺旋的小沟，发射出绿色波长的荧光信号，这种荧光信号会被荧光 PCR 仪捕获，而不掺入链中的 SYBR 染料分子不会发射荧光信号或者发出微弱荧光，从而保证荧光信号的增加与 PCR 产物的增加完全同步。在整个过程中，通过实时监测荧光信号累积来实现监测整个 PCR 进程，达到对起始模板进行定量分析的目的。

荧光扩增可以分成 3 个阶段：荧光背景信号阶段、荧光信号指数扩增阶段和平台期。在初始的荧光背景信号阶段，荧光背景信号强，掩盖了扩增的荧光信号，因此无法判断 PCR 产物量的变化。在平台期，PCR 扩增产物不再呈指数级增加，无法根据 PCR 终产物量来计算起始模板量（两者之间不存在线性关系）。在荧光信号指数扩增阶段，PCR 产物量的对数值与起始模板量之间存在线性关系，随着 PCR 反应的进行，PCR 产物不断累积，荧光信号强度也等比例增加，每经过一个循环，收集一个荧光强度信号，从而得到一条荧光扩增曲线图。将循环数作为横坐标，荧光强度作为纵坐标，构建扩增曲线图。此外，在 RT-PCR 进行时，当结合染料分子的双链 DNA（dsDNA）解离或"熔解"成单链 DNA（ssDNA）时，荧光强度会发生显著的变化，从而构成了熔解曲线图。当 PCR 产物单一时，不会出现非特异性荧光，则熔解曲线表现为单一峰；若 PCR 产物特异性不强，则熔解曲线表现为杂峰，即出现了非特异性荧光，因此定量结果不准确。这是因为 SYBY Green 染料是非特异的染料，只要有 DNA 双链存在，就会发出荧光。一般地，分析溶解曲线需要在实验结束后设置特别程序，仪器方可提供完整的熔解曲线数据。

一般情况下，将 PCR 反应的前 15 个循环的荧光信号作为荧光本底信号，荧光域值 M 的缺省设置（默认设置）是 3～15 个循环的荧光信号的标准偏差的 10 倍，当设定好 M 值时，对于每个样品，M 值都是一个常数或者固定值。将每个反应管内的荧光信号到达设定阈值时所经历的循环数称为 Ct 值（C：cycle；t：threshold）。到了平台期，所有基因扩增的数目是一致的，而在达到平台期之前，目的基因的起始含量越高，反应扩增达到平台期所需的循环数越少，所以 Ct 值越小，因此可以根据 Ct 值的大小预测起始 mRNA 的含量。

　　PCR 反应过程中，DNA 聚合酶过量且保持高活性，因此 PCR 反应的扩增效率保持最大值不变，扩增产物的数量以指数形式增加。实时定量 PCR 包括绝对定量和相对定量。检测基因在不同组织中的表达差异或同一组织不同时间表达差异等一般用相对定量（relative quantification，RQ）。在进行相对定量分析时，由于样品较难统一相同的起始浓度，存在着样品浓度等因素误差，因此，需要以内参基因对靶基因的初始模板数量进行校正。相对定量内标（endogenous control）通常是 β-actin、GAPDH、18 SRNA 基因等看家基因（在细胞中的表达量或在基因组中的拷贝数恒定，受环境因素影响小，内标定量结果代表了样本中所含细胞或基因组数量）。假设荧光阈值为 M，基因的阈值循环数为 Ct，扩增效率分别为 E，则 $K = T(1 + E)^{Ct}$（K 为达到 M 阈值时的基因扩增数目，T 为基因起始量，E 为扩增效率），对于目的基因和内参基因，该公式的异同点在于：K 值相同，因为设置了相同的荧光阈值为 M；Ct 不同，E 不同。

　　设定理想状态下，目的基因和内参基因具有相同的扩增效率 E，并且扩增效率为 100%，则该公式可以演变为 $K = T \cdot 2^{Ct}$。由于检测目的基因的相对定量往往要分成处理组和对照组，且需要设置生物学重复，因此，相对定量的数据处理较为复杂，不过无论在处理组还是在对照组，最终是计算目的基因表达水平在处理组和对照组中的差异倍数。将处理组中目的基因（T_1）与内参基因（R_1）表达水平的相对比值作为目的基因在处理组中的相对表达量（T_1/R_1），将对照组中目的基因（T_2）与内参基因（R_2）表达水平的相对比值作为目的基因在对照组中的相对表达量（T_2/R_2）（表 10-3），经过演变推导，将处理组和对照组中目的基因和内参基因的 Ct 值归一化，因此一般目的基因 $mRNA$ 相对表达量表达公式为 $K = 2^{-\Delta\Delta Ct}$（表 10-4）。

表 10–3 $K = 2^{-\Delta\Delta Ct}$ 公式推导过程

变量	处理组		对照组	
	目的基因	内参基因	目的基因	内参基因
Ct 值（循环数）	Ct_1	Ct_2	Ct_3	Ct_4
扩增效率	$E=100\%$	$E=100\%$	$E=100\%$	$E=100\%$
初始模板量	T_1	R_1	T_2	R_2
扩增至 Ct 值的拷贝数	$K=T_1(1+E)^{Ct_1}$ 或 $K=T_1 2^{Ct_1}$	$K=R_1(1+E)^{Ct_2}$ 或 $K=R_1 2^{Ct_2}$	$K=T_2(1+E)^{Ct_3}$ 或 $K=T_2 2^{Ct_3}$	$K=R_2(1+E)^{Ct_4}$ 或 $K=R_2 2^{Ct_4}$
内参校正后的目的基因模板相对初始量	$\dfrac{T_1}{R_1}=\dfrac{2^{Ct_2}}{2^{Ct_1}}=2^{Ct_2-Ct_1}$		$\dfrac{T_2}{R_2}=\dfrac{2^{Ct_4}}{2^{Ct_3}}=2^{Ct_4-Ct_3}$	
目的基因 mRNA 相对表达量表达	$\dfrac{T_1}{R_1} \Big/ \dfrac{T_2}{R_2} = 2^{(Ct_2-Ct_1)-(Ct_4-Ct_3)}$			
目的基因 mRNA 相对表达量公式演变	$2^{-\Delta\Delta Ct}=2^{-[处理组(目的基因 Ct_1-内参基因 Ct_2)-对照组(目的基因 Ct_3-内参基因 Ct_4)]}$			

注：在处理组和对照组，目的基因和内参基因的 K 值是相同的，是一常数；有生物学重复时，取各个基因 Ct 值均值。

实验材料、器材与试剂

【实验样品】提取的不同组织 RNA 逆转录的 cDNA，或者同一组织不同状态组织的 RNA 逆转录的 cDNA。

【实验器材】荧光 PCR 仪、恒温水槽、各种规格微量移液器、各种规格吸头、200 μL 离心管（透光度高的专用离心管）、电泳仪、电泳槽等。

【实验试剂】SYBY Green 缓冲液、oligo(dT) 引物、目的基因和内参基因的上下游引物、dNTP、逆转录缓冲液、逆转录酶等。

实验步骤

1. 配制荧光定量 PCR 预反应体系

该预反应体系与实验 52 PCR 反应体系和程序一致（表 10-2），用于检测 cDNA 质量检测与引物筛选。待 cDNA 和引物合格后，再进行实时荧光定量 PCR。

2. 荧光定量 PCR

按照表 10-2 体系组成，将 10×缓冲液、$MgCL_2$ 溶液、dNTPs（2 nmol/L）、Taq DNA 聚合酶（5 U/μL）换成 SYBR Green qPCR MasterMix（2×）（含有相应浓度的 Mg^{2+}、dNTPs、Taq DNA 聚合酶），配制荧光定量 PCR 反应体系（表 10-4），总体积为 20 μL，在荧光定量 PCR 仪中进行。通常，实时定量 PCR 反应由变性、退火、延伸 3 个步骤组成，设计的产物长度在 80～150 bp，有时候只需要变性和退火就可以。一般程序为：95 ℃ 预变性 2 min，95 ℃ 变性 30 s，60 ℃（根据引物而定）退火 30 s，72 ℃ 延伸 30 s，循环数为 45。

表 10-4 荧光定量 PCR 反应体系组成（20 μL）

成分	体积/μL	工作液浓度
SYBR Green qPCR MasterMix（2×）	10	1×
上游引物（10 nmol/mL）	2	1.0 nmol/mL
下游引物（10 nmol/mL）	2	1.0 nmol/mL
cDNA 模板（不低于 1 ng/μL）	1	—
重双蒸馏水（灭菌）	5	—
总体积	20	—

3. 荧光定量 PCR 结果的数据处理

荧光定量 PCR 结束后，将数据从计算机中导出，计算目的基因的相对表达量，并绘制趋势图。以表 10-5 为例，具体计算目的基因的相对表达量（设置 3 个生物学重复）。

表 10-5 目的基因相对表达量的计算

	目的基因 Ct 值	内参基因 Ct 值	内参基因 Ct 均值	ΔCt 值（目的基因-内参基因）	ΔCt 均值	$\Delta\Delta Ct$	$2^{-\Delta\Delta Ct}$	$2^{-\Delta\Delta Ct}$ 均值	标准差
处理组	30.15	14.53	14.57	15.58	15.36	-2.90	7.45	8.77	1.21
	29.87	14.61		15.30		-3.18	9.04		
	29.75	14.56		15.18		-3.30	9.83		
对照组	32.24	13.77	13.73	18.51	18.48	0.03	0.98	1.00	0.02
	32.18	13.74		18.45		-0.03	1.02		
	32.21	13.68		18.48		0.00	1.00		

根据公式 $2^{-\Delta\Delta Ct} = 2^{-[处理组(目的基因-内参基因)-对照组(目的基因-内参基因)]}$，有以下延伸：

(1) 对于 $\Delta Ct_{处理组} = Ct_{目的基因} - Ct_{内参基因}$，有

重复1：30.15 - 14.57 = 15.58；重复2：29.87 - 14.57 = 15.30；重复3：29.75 - 14.57 = 15.18，所以 $\Delta Ct_{处理组(目的基因-内参基因)均值}$ = (15.58 + 15.30 + 15.18)/3 = 15.36。

(2) 对于 $\Delta Ct_{对照组} = Ct_{目的基因} - Ct_{内参基因}$，有

重复1：32.24 - 13.73 = 18.51；重复2：32.18 - 13.73 = 18.45；重复3：32.21 - 13.73 = 18.48，所以 $\Delta Ct_{对照组(目的基因-内参基因)均值}$ = (18.51 + 18.45 + 18.48)/3 = 18.48。

(3) 对于 $\Delta\Delta Ct_{处理组} = \Delta Ct_{处理组} - \Delta Ct_{对照组均值}$，有

重复1：15.58 - 18.48 = -2.90；重复2：15.30 - 18.48 = -3.18；重复3：15.18 - 18.48 = -3.30，分别计算 $2^{-\Delta\Delta Ct实验组}$ 为 7.45，9.04 和 9.83。然后取均值，为 8.77，3个重复的标准差为 1.21。

(4) 对于 $\Delta\Delta Ct_{对照组} = \Delta Ct_{对照组} - \Delta Ct_{对照组均值}$，有

重复1：18.51 - 18.48 = 0.03；重复2：18.45 - 18.48 = -0.03；重复3：18.48 - 18.48 = 0.00，分别计算 $2^{-\Delta\Delta Ct实验组}$ 为 0.98，1.02 和 1.00。然后取均值，为 1.00，3个重复的标准差为 0.02。

最后通过 t 检验计算两组之间的 p 值为 0.007 8，即目的基因在处理组

的表达量相对于对照组提高了 8.77 倍，而且呈极显著差异。

4. 绘图

根据步骤 3 中的分析结果，在 Excel 中根据处理组和对照组中 $2^{-\Delta\Delta Ct}$ 的值（8.77∶1）绘出柱状图，并根据标准误差标注出极显著差异性标记。

教学建议

采用小组合作的形式完成各个实验。每个大组分为 2 个小组，每小组由 3 位同学组成，以"目的基因的克隆""目的基因的相对表达"为主题，完成 1 种或多种植物组织 DNA/RNA 的提取、基因的 PCR 扩增、T－A 克隆、荧光定量 PCR 等。由于 RNA 提取过程中容易受到 RNase 的污染，因此应尽可能在较小的实验组中完成。实验结束后，每个大组将结果进行汇总比较，所获得结果用于分析和撰写实验报告或科研论文。

在实验时，如果条件允许，实验教师可多准备一些植物不同的组织或者不同植物的同种组织（最好有参考基因组或者相关基因的序列），进行多重比较，尽可能获得比较丰富的结果。

思考题

（1）植物基因克隆需要几个主要环节？

（2）植物 DNA 与 RNA 提取分别依据 DNA 与 RNA 的什么性质？

（3）提取植物组织 DNA 与 RNA 提取与动物组织有什么区别？

（4）为什么植物 RNA 提取需要组织特异性？植物基因表达具有什么特性？

（5）基因克隆的蓝白斑筛选原理与乳糖操纵子有何区别？

（6）克隆基因的阳性载体（即质粒）需要提取，质粒 DNA 提取与植物 DNA 提取有什么区别？

（7）定量 PCR 反应中常用内参基因有哪些？具有什么特征？内参基因在基因定量 PCR 中的意义是什么？

（8）请设计一个综合性实验：比较盐胁迫和非胁迫情况下（或者干旱和非干旱情况），某植物叶片中 A 基因 mRNA 表达差异情况。

附录一　　常见缓冲溶液的配制

一、磷酸缓冲液

储备液 A：0.2 mol/L Na_2HPO_4 溶液（$Na_2HPO_4 \cdot 7H_2O$ 53.65 g 或 $Na_2HPO_4 \cdot 12H_2O$ 71.70 g，用蒸馏水溶解至 1 000 mL），$Na_2HPO_4 \cdot 7H_2$ 分子量为 268.25。

储备液 B：0.2 mol/L NaH_2PO_4 溶液（$NaH_2PO_4 \cdot H_2O$ 27.80 g 或 $Na_2HPO_4 \cdot 2H_2O$ 31.20 g，用蒸馏水溶解至 1 000 mL），$NaH_2PO_4 \cdot H_2O$ 分子量为 137.99。

0.1 mol/L 磷酸缓冲溶液的配制：x mL（A）+ y mL（B），稀释至 200 mL（附表 1-1）。

附表 1-1　磷酸缓冲液

x	y	pH	x	y	pH
6.5	93.5	5.7	55.0	45.0	6.9
8.0	92.0	5.8	61.0	39.0	7.0
10.0	90.0	5.9	67.0	33.0	7.1
12.3	87.7	6.0	72.0	28.0	7.2
15.0	85.0	6.1	77.0	23.0	7.3
18.5	81.5	6.2	81.0	19.0	7.4
22.5	77.5	6.3	84.0	16.0	7.5
26.5	73.5	6.4	87.0	13.0	7.6
31.5	68.5	6.5	89.5	10.5	7.7
37.5	62.5	6.6	91.5	8.5	7.8
43.5	56.5	6.7	93.0	7.0	7.9
49.0	51.0	6.8	94.7	5.3	8.0

二、Tris 缓冲液

储备液 A：0.2 mol/L 三羟甲基氨基甲烷溶液（tris-hydroxy methylamino methane；$C_4H_{11}NO_3$ 24.2 g，用蒸馏水溶解至 1 000 mL）。

储备液 B：0.2 mol/L 盐酸。

Tris 分子量为 121.14，Tris-HCl 分子量为 157.60。

50 mL（A）+ x mL（B），稀释至 200 mL（附表 1-2）。

附表 1-2　Tris 缓冲液

x	pH	x	pH
5.0	9.0	26.8	8.0
8.1	8.8	32.5	7.8
12.2	8.6	38.4	7.6
16.5	8.4	41.4	7.4
21.9	8.2	44.2	7.2

三、乙酸盐缓冲液

储备液 A：0.2 mol/L 乙酸溶液（乙酸 11.55 mL 稀释至 1 000 mL）。

储备液 B：0.2 mol/L 乙酸钠溶液（$C_2H_3O_2Na$ 16.40 g，用蒸馏水溶解至 1 000 mL）。

x mL（A）+ y mL（B），稀释至 1 000 mL（附表 1-3）。

附表 1-3　乙酸盐缓冲液

pH	x	y	pH	x	y
3.6	46.3	3.7	4.2	36.8	13.3
3.8	44.0	6.0	4.4	30.5	19.2
4.0	41.0	9.0	4.6	25.5	24.5

续表

pH	x	y	pH	x	y
4.8	20.0	30.0	5.4	8.8	41.2
5.0	14.8	35.2	5.6	4.8	45.2
5.2	10.5	39.5			

四、柠檬酸－磷酸缓冲液

储备液 A：0.1 mol/L 柠檬酸溶液（$C_6H_8O_7$ 19.21 mL，用蒸馏水溶解后稀释至 1 000 mL），柠檬酸分子量为 192.12。

储备液 B：0.2 mol/L Na_2HPO_4 溶液（$Na_2HPO_4 \cdot 7H_2O$ 53.65 g 或 $Na_2HPO_4 \cdot 12H_2O$ 71.70 g，用蒸馏水溶解至 1 000 mL），$Na_2HPO_4 \cdot 7H_2O$ 分子量为 268.25。

x mL（A）＋y mL（B），稀释至 100 mL（附表 1-4）。

附表 1-4 柠檬酸－磷酸缓冲液

x	y	pH	x	y	pH
44.6	5.4	2.6	24.3	25.7	5.0
42.2	7.8	2.8	23.3	26.7	5.2
39.8	10.2	3.0	22.2	27.8	5.4
37.7	12.3	3.2	21.0	29.0	5.6
35.9	14.1	3.4	19.7	30.3	5.8
33.9	16.1	3.6	17.9	32.1	6.0
32.3	17.7	3.8	16.9	33.1	6.2
30.7	19.3	4.0	15.4	34.6	6.4
29.4	20.6	4.2	13.6	36.4	6.6
27.8	22.2	4.4	9.1	40.9	6.8
26.7	23.3	4.6	6.5	43.6	7.0
25.2	24.8	4.8			

五、柠檬酸－氢氧化钠－盐酸缓冲液

柠檬酸－氢氧化钠－盐酸缓冲液见附表1－5。

附表1－5 柠檬酸－氢氧化钠－盐酸缓冲液

pH	Na$^+$浓度/(mol·L^{-1})	柠檬酸($C_6H_8O_7·7H_2O$)/g	NaOH/g	盐酸体积/mL	最终体积/L
2.2	0.20	210	84	160	10
3.1	0.20	210	83	116	10
3.3	0.20	210	83	106	10
4.3	0.20	210	83	45	10
5.3	0.35	245	144	68	10
5.8	0.45	285	186	105	10
6.5	0.38	266	156	126	10

六、甘氨酸－盐酸缓冲液（0.05 mol/L）

储备液A：0.2 ol/L 甘氨酸溶液（甘氨酸15.01 g，蒸馏水溶解后稀释至1 000 mL）。

储备液B：0.2 mol/L 盐酸（浓盐酸17.1 mL稀释至1 000 mL）。

50 mL 0.2 mol/L（甘氨酸）＋ x mL 0.2 mol/L（盐酸），稀释至200 mL（附表1－6）。

附表1－6 甘氨酸－盐酸缓冲液

pH	x	pH	x
2.2	44.0	3.0	11.4
2.4	32.4	3.2	8.2
2.6	24.2	3.4	6.4
2.8	16.8	3.6	5.0

七、甘氨酸－氢氧化钠缓冲液（0.05 mol/L）

储备液 A：0.2 mol/L 甘氨酸溶液（NH_2CH_2COOH 15.01 g 配制成 1 000 mL）。

储备液 B：0.2 mol/L NaOH 溶液（NaOH 8.0 g 配制成 1 000 mL）。

x mL 0.2 mol/L（甘氨酸溶液）+ y mL 0.2 mol/L（NaOH 溶液），稀释至 200 mL（附表 1-7）。

附表 1-7 甘氨酸－氢氧化钠缓冲液

x	y	pH	x	y	pH
50	4.0	8.6	50	22.4	9.6
50	6.0	8.8	50	27.2	9.8
50	8.8	9.0	50	32.0	10.0
50	12.0	9.2	50	38.6	10.4
50	16.8	9.4	50	45.5	10.6

八、硼砂－NaOH 缓冲液

储备液 A：0.05 mol/L 硼砂溶液（$Na_2B_4O_7 \cdot 10H_2O$ 19.05 g，用蒸馏水溶解后稀释至 1 000 mL）。

储备液 B：0.2 mol/L NaOH 溶液（NaOH 8.0 g，用蒸馏水溶解至 1 000 mL）。

50 mL（A）+ x mL（B），稀释至 200 mL（附表 1-8）。

附表 1-8 硼砂－NaOH 缓冲液

x	pH	x	pH
0.0	9.28	29.0	9.7
7.0	9.35	34.0	9.8
11.0	9.4	38.6	9.9
17.6	9.5	43.0	10.0
23.0	9.6	46.0	10.1

九、硼砂-硼酸缓冲液

储备液 A：0.05 mol/L 硼砂溶液（$Na_2B_4O_7 \cdot 10H_2O$ 19.05 g，用蒸馏水溶解后稀释至 1 000 mL），$Na_2B_4O_7 \cdot 10H_2O$ 分子量为 381.43。

储备液 B：0.2 mol/L 硼酸（H_3BO_3 12.37 g，用蒸馏水溶解至 1 000 mL，分子量为 61.84）。

50 mL（A）+ x mL（B），稀释至 200 mL（附表 1-9）。

附表 1-9 硼砂-硼酸缓冲液

x	pH	x	pH
2.0	7.6	22.5	8.7
3.1	7.8	30.0	8.8
4.9	8.0	42.5	8.9
7.3	8.2	59.0	9.0
11.5	8.4	83.0	9.1
17.5	8.6	115.0	9.2

十、巴比妥钠-盐酸缓冲液（18 ℃）

储备液 A：0.04 mol/L 溶液（8.25 g 巴比妥钠用蒸馏水溶解后稀释至 1 000 mL），巴比妥钠分子量为 206.18。

储备液 B：0.2 mol/L 盐酸。

100 mL（A）+ x mL（B），稀释至 200 mL（附表 1-10）。

附表 1-10 巴比妥钠-盐酸缓冲液

x	pH	x	pH
18.4	6.8	16.7	7.2
17.8	7.0	15.3	7.4

续表

x	pH	x	pH
13.4	7.6	2.52	8.8
11.47	7.8	1.65	9.0
9.39	8.0	1.13	9.2
7.21	8.2	0.70	9.4
5.21	8.4	0.37	9.6
3.82	8.6	—	—

十一、碳酸缓冲液

储备液 A：0.2 mol/L Na_2CO_3 溶液（Na_2CO_3 21.2 g 或 $Na_2CO_3 \cdot H_2O$ 24.8 g，用蒸馏水溶解至 1 000 mL）。

储备液 B：0.2 mol/L $NaHCO_3$ 溶液（$NaHCO_3$ 16.80 g，用蒸馏水溶解至 1 000 mL）Na_2CO_3 分子量为 105.99，$NaHCO_3$ 为分子量 84。

x mL（A）+y mL（B），稀释至 200 mL（附表 1-11）。

附表 1-11 碳酸缓冲液

pH	x	y	pH	x	y
9.2	4.0	46.0	10.0	27.5	22.5
9.3	7.5	42.5	10.1	30.0	20.0
9.4	9.5	40.5	10.2	33.0	17.0
9.5	13.0	37.0	10.3	35.5	14.5
9.6	16.0	34.0	10.4	38.5	11.5
9.7	19.5	30.5	10.5	40.5	9.5
9.8	22.0	28.0	10.6	42.5	7.5
9.9	25.0	25.0	10.7	45.0	5.0

附录二　常用植物生长物质的一些化学性质

常用植物生长物质的一些化学性质见附表2-1。

附表2-1　常用植物生长物质的一些化学性质

名称	简称	相对分子量	溶剂	贮存
脱落酸	ABA	264.32	NaOH	0 ℃以下
6-苄基腺嘌呤	6-BA	225.26	NaOH/HCl	室温
2,4-二氯苯氧乙酸	2,4-D	221.04	NaOH/乙醇	室温
赤霉素	GA	346.38	乙醇	0 ℃
吲哚乙酸	IAA	175.19	NaOH/乙醇	0~5 ℃
吲哚丁酸	IBA	203.24	NaOH/乙醇	0~5 ℃
激动素	KT	215.22	NaOH/HCl	0 ℃以下
萘乙酸	NAA	186.21	NaOH	0 ℃
乙烯利	Eth	144.50	H_2O	室温
多效唑	PP_{333}	293.79	甲醇/丙酮	室温
噻苯隆	TDZ	220.2	H_2O	室温
玉米素	ZT	219.24	HCl	-20 ℃

附录三 试剂的配制

一、一般化学试剂的分级

化学试剂根据其质量分为各种规格（品级），在配制溶液时，应根据实验要求选择不同规格的试剂，一般化学试剂的分级见附表3-1。

附表3-1 一般化学试剂的分级

规格标准和用途	一级试剂	二级试剂	三级试剂	四级试剂	生物试剂
我国标准	保证试剂 G. R.	分析纯 A. R.	化学纯 C. P.	化学用 L. R.	B. R. 或 C. R.
国外标准	绿色标签	红色标签	蓝色标签	—	—
	A. R.	C. P.	L. P.	P	
	G. R.	P. U. S. S.	E. P.	—	
	A. C. S.	Puriss	ч	Pure	
	P. A.	чДА	—	—	
	X. ч	—	—	—	
用途	纯度最高，杂质含量最少。适用于最精确的分析和研究工作	纯度较高，杂质含量较低。适用于精确的微量分析工作，分析实验室广泛使用	纯度略低于分析纯，适用于一般的微量分析实验	纯度较低，适用于一般的定性检验	根据说明使用

二、试剂浓度的表示及其配制

1. 质量分数

例如一瓶 100 g 的溶液中含有 4 g 物质 A，另含有 96 g 蒸馏水，则混合物质中含有的物质 A 浓度为 4%。配制时只需称取 4 g 物质 A，溶于 96 g 蒸馏水中即可。

2. 质量体积比浓度（单位：g/L 或者 g/mL）

例如 1 000 mL 溶液中含有 7 g NaCl，则溶液中的 NaCl 浓度为 7 g/L。配制时称取 7 g NaCl，用蒸馏水溶解后，再加水稀释，用容量瓶定量到 1 000 mL 即可。

3. 体积比浓度

例如，将 20 mL 的无水乙醇用水稀释为 100 mL，则该乙醇溶液的体积比浓度为 20%。配制时量取 20 mL 无水乙醇，用水稀释到 100 mL。要求精确时，需要用容量瓶定容。

4. 摩尔浓度（单位：mol/L）

例如，1 000 mL 溶液中含有 NaCl 58.55 g，则溶液中 NaCl 的摩尔浓度为 1 mol/L。

在各种生物化学实验中，经常使用摩尔浓度。在配制摩尔浓度时，可先将摩尔体积先换算成质量体积比浓度，再进行溶液配制。使用的公式为所需要的溶质质量 = 需要配制的体积 × 所要配制的摩尔浓度 × 摩尔质量，称取所需要的一定质量的溶质，先用水溶解，再定容至相应的体积即可。

附录四 溶液饱和度与加入硫酸铵质量的对应关系

溶液饱和度与加入硫酸铵质量的对应关系见附表 4–1。

附表 4–1 溶液饱和度与加入硫酸铵质量的对应关系

		\multicolumn{17}{c}{硫酸铵最后质量浓度/%}
—	—	10	20	25	30	33	35	40	45	50	55	60	65	70	75	80	90	100
\multicolumn{19}{l}{1 L 溶液中需加入的固体硫酸铵质量/g}
硫酸铵初始的质量浓度/%	0	56	114	114	176	196	209	243	277	313	351	390	430	472	516	561	662	767
	10	—	57	86	118	137	150	183	216	251	288	326	365	406	449	494	592	694
	20	—	—	29	59	78	91	123	155	189	225	262	300	340	382	424	520	619
	25	—	—	—	30	49	61	93	125	158	193	230	267	307	348	390	485	583
	30	—	—	—	—	19	30	62	94	127	162	198	235	273	314	356	449	546
	33	—	—	—	—	—	12	43	74	107	142	177	214	252	292	333	426	522
	35	—	—	—	—	—	—	31	63	94	129	164	200	238	278	319	411	506
	40	—	—	—	—	—	—	—	31	63	97	132	168	205	245	285	375	469
	45	—	—	—	—	—	—	—	—	32	65	99	134	171	210	250	339	431
	50	—	—	—	—	—	—	—	—	—	33	66	101	137	176	214	202	392
	55	—	—	—	—	—	—	—	—	—	—	33	67	103	141	179	264	353
	60	—	—	—	—	—	—	—	—	—	—	—	34	69	105	143	227	314
	65	—	—	—	—	—	—	—	—	—	—	—	—	34	70	107	190	275
	70	—	—	—	—	—	—	—	—	—	—	—	—	—	35	72	153	237
	75	—	—	—	—	—	—	—	—	—	—	—	—	—	—	36	115	198
	80	—	—	—	—	—	—	—	—	—	—	—	—	—	—	—	77	157
	95	—	—	—	—	—	—	—	—	—	—	—	—	—	—	—	—	79

注：表中硫酸铵饱和溶液以 25 ℃，4.1 mol/L 计算。由于温度降低时对硫酸铵溶解度影响不显著（0 ℃时为 3.9 mol/L），故应用表中数值时可以不考虑温度因素。

参考文献

[1] 曹春英. 植物组织培养 [M]. 北京：中国农业出版社，2006.

[2] 曹建康，姜微波，赵玉梅. 果蔬采后生理生化实验指导 [M]. 北京：中国轻工业出版社，2007.

[3] KENNETH J L, THOMAS D S. Analysis of relative gene expression data using real time quantitative PCR and the $2^{-\Delta\Delta Ct}$ method [J]. Methods, 2001, 25: 402-408.

[4] 李金明. 实时荧光PCR技术 [M]. 2版. 北京：科学出版社，2019.

[5] 李浚明，朱登云. 植物组织培养教程 [M]. 3版. 北京：中国农业大学出版社，2005.

[6] 李玲. 植物生理学模块实验指导 [M]. 北京：科学出版社，2008.

[7] 李小方，张志良. 植物生理学实验指导 [M]. 5版. 北京：高等教育出版社，2019.

[8] 梁俊，郭燕，刘玉莲，等. 不同品种苹果果实中糖酸组成与含量分析 [J]. 西北农林科技大学学报（自然科学版），2011，39（10）：163-170.

[9] 刘佳娜，于丽杰，李婉婷. 影响胡萝卜体细胞胚建成关键因素的研究进展 [J]. 黑龙江农业科学，2018，(2)：7-10.

[10] 陆长元，韩镇辉，蔡喜臣，等. 核黄素（维生素B_2）的光化学活性粒子：潜在的光生物学效应 [J]. 辐射研究与辐射工艺学报，2000（2）：12-18.

[11] 陆长元，韩镇辉，蔡喜臣，等. 核黄素（维生素B_2）的光物理和光化学性质 [J]. 中国科学（B辑），2000（5）：428-435.

[12] 马晨，冯莉，魏康丽，等. 桃果实采后光学特性与硬度及果胶物质

的关系 [J]. 南京农业大学学报, 2020, 43 (2): 347-355.

[13] 潘瑞炽, 李玲. 植物生长调节剂: 原理与应用 [M]. 广州: 广东高等教育出版社, 2007.

[14] 潘瑞炽, 施和平, 李玲, 等. 植物细胞工程 [M]. 2 版. 广州: 广东高等教育出版社, 2008.

[15] 史国安. 牡丹开花与衰老的生理生化机制研究 [D]. 武汉: 华中农业大学, 2010.

[16] 王金发, 何炎明, 刘兵. 细胞生物学实验教程 [M]. 2 版. 北京: 科学出版社, 2011.

[17] 王金发, 戚康标, 何炎明. 遗传学综合实验教程 [M]. 北京: 科学出版社, 2019.

[18] 王小菁. 植物生理学 [M]. 8 版. 北京: 高等教育出版社, 2019.

[19] 杨淑慎, 高俊凤. 活性氧、自由基与植物的衰老 [J]. 西北植物学报, 2001 (2): 215-220.

[20] 易健明, 屈武斌, 张成岗. 实时荧光定量 PCR 的数据分析方法 [J]. 生物技术通讯, 2015, 26 (1): 140-145.

[21] 尹文兵, 李丽娟, 黄勤妮, 等. 胡萝卜愈伤组织的诱导及细胞悬浮培养研究 [J]. 山西师范大学学报 (自然科学版), 2004, 18 (2): 71-76.

[22] 詹亚光, 齐凤慧, 滕春波. 细胞工程模块实验教程 [M]. 北京: 科学出版社, 2012.

[23] 张红生, 胡晋主编. 种子学 [M]. 北京: 科学出版社, 2010.

[24] 张智胜, 彭新湘. 光呼吸的功能及其平衡调控 [J]. 植物生理学报, 2016, 52: 1692-1702.

[25] 赵可夫, 范海. 盐生植物及其对盐渍生境的适应生理 [M]. 北京: 科学出版社, 2005.

[26] 钟华鑫, 赵映振. 热击处理对黄瓜种子萌发及离体培养子叶直接分化花芽的影响 [J]. 植物生理学通讯, 1993 (2): 98-100.